BIBLIOTHÈQUE DU CULTIVATEUR
PUBLIÉE
AVEC LE CONCOURS DU MINISTRE DE L'AGRICULTURE

LES FORMULES

DES

FUMURES

ET DES

ÉTENDUES EN FOURRAGES

PAR

GUSTAVE HEUZÉ

DEUXIÈME ÉDITION, REVUE ET AUGMENTÉE

PARIS

LIBRAIRIE AGRICOLE DE LA MAISON RUSTIQUE

26, RUE JACOB, 26

LES FORMULES

DES FUMURES

ET

DES ÉTENDUES EN FOURRAGES

28467

OUVRAGES DU MÊME AUTEUR

Assolement et systèmes de culture. 1 vol. in-8 de 556 pages, avec nombreuses gravures sur bois. . . . . 9 fr. »

Culture du pavot. 1 vol. in-18 de 44 pages. . . . . » 75

Plantes fourragères. Troisième édition. 1 vol. in-8 de 582 pages, avec 42 vignettes sur bois et 20 gravures coloriées. . . . . 10 fr.

Plantes industrielles. 2 vol. in-8 de 896 pages, avec des vignettes sur bois et 20 gravures coloriées.. . . . . 18 fr.

Matières fertilisantes. Quatrième édition. 1 vol in-8 de 708 pages. 9 fr.

Le Porc. 1 vol. in-12 de 334 pages, avec 56 grav. . . . . 5 fr. 50

L'Année agricole. (Quatre années 1860-1863). 4 vol. in-18 jésus. Prix du volume. . . . . 5 fr. 50

L'Agriculture en Italie. 1 vol. in-8 broché. . . . . 8 fr. »

PARIS. — IMP. SIMON RAÇON ET COMP., RUE D'ERFURTH, 1.

LES FORMULES

DES

FUMURES

ET DES

ÉTENDUES EN FOURRAGES

PAR

GUSTAVE HEUZÉ

MEMBRE DE LA SOCIÉTÉ IMPÉRIALE ET CENTRALE D'AGRICULTURE DE FRANCE

DEUXIÈME ÉDITION, REVUE ET AUGMENTÉE

PARIS

LIBRAIRIE AGRICOLE DE LA MAISON RUSTIQUE

RUE JACOB, 26

1868

C.

AVERTISSEMENT

L'accueil qu'on a bien voulu faire à la brochure ayant pour titre : *la Formule des fumures*, m'impose le devoir de ne pas la réimprimer sans lui ajouter quelques détails complémentaires.

Loin de moi la pensée de revendiquer l'honneur d'avoir indiqué le premier des formules de fumures. Je ne puis oublier que j'ai été devancé dans cette voie, en Allemagne, par Kressig, Burger et Thaër, et, en France, par de Gasparin.

1

Si j'ai proposé une formule nouvelle, c'est que je suis convaincu que les chiffres d'épuisements, proposés par mes savants prédécesseurs, n'ont pas été, jusqu'à ce jour, utiles à la pratique de l'agriculture.

Les chiffres d'absorption, que je regarde dans les circonstances actuelles comme ceux qui s'harmonisent le plus complétement avec les recherches scientifiques, ne peuvent être acceptés comme exacts que lorsqu'on veut ne point épuiser ou accroître la richesse initiale du sol. S'il s'agissait d'accumuler dans la couche arable des matières fertilisantes, dans le but d'élever progressivement sa fécondité, il faudrait de toute nécessité augmenter la force générale des fumures. C'est en agissant ainsi qu'on parvient avec le temps, par suite du reliquat d'engrais qu'on observe dans la couche arable à la fin de chaque rotation, à améliorer un terrain.

Une telle culture améliorante, il ne faut pas

l'oublier, capitalise à chaque rotation une avance plus ou moins élevée, qu'on ne doit jamais demander au capital d'exploitation.

Cette étude sur les fumures précède divers détails sur la formule que j'ai proposée dans mon ouvrage intitulé : LES ASSOLEMENTS ET LES SYSTÈMES DE CULTURE, pour déterminer *l'étendue qu'on doit accorder aux cultures fourragères*. Je persiste à penser que la méthode que j'ai indiquée pour résoudre ce problème sera utile aux agriculteurs qui manquent annuellement de fumiers, qui obtiennent de faibles récoltes, ou qui se plaignent d'être forcés d'acheter chaque année des engrais.

Ces deux questions, celle qui concerne les fumures et celle qui est relative à l'étendue des cultures fourragères, doivent être regardées comme *les deux plus importants problèmes que l'agriculture moderne doit résoudre*, si elle veut pouvoir considérer la carrière agricole comme une industrie réellement lucrative.

J'observerai que, dans l'examen que j'ai fait de ces deux formules, j'ai toujours pris pour base le fumier de ferme, ou fumier normal bien mélangé, bien fabriqué, à demi décomposé et appliqué suivant les principes contenus dans mon ouvrage intitulé : LES MATIÈRES FERTILISANTES.

En outre, j'ai supposé que les labours, hersages et roulages seraient toujours bien exécutés, et qu'on ne négligerait pas de marner ou chauler la couche arable, si celle-ci ne renfermait pas du calcaire ou carbonate de chaux.

Versailles, le 20 décembre 1867.

HISTORIQUE DES MOYENS

DE

FERTILISER LES TERRES ARABLES

Pendant longtemps l'agriculture française n'a eu à sa disposition que le fumier produit par les animaux domestiques pour maintenir ou accroître la fécondité des terres qu'elle cultivait.

Convaincue de la justesse des théories émises par Victor Yvart sur les inconvénients des jachères, certaine qu'elle était que l'adoption de la race ovine mérinos l'obligeait à donner plus d'extension à la culture fourragère, mais n'ayant pas suffisamment de fumiers, elle accepta avec empressement, au commencement du siècle actuel, les matières fécales transformées en poudrette. Cet engrais lui permit aussi de cultiver le colza, le tabac, le pavot, etc., sur des surfaces plus considérables que par le passé. Les agriculteurs qui n'eurent pas cette nouvelle matière fertilisante à leur disposition, la remplacèrent, vers 1825, par des tour-

teaux de colza, de lin, etc., par le noir animal ou résidu
des raffineries, ou par des cendres ou des charrées.

La mauvaise qualité des poudrettes livrées par l'industrie à l'agriculture, et l'épuisement des terres ayant
pour cause l'emploi répété du noir animal pendant,
longtemps sur le même sol, conduisirent les agriculteurs, vers 1840, à accepter avec empressement le
guano du Pérou, engrais riche en matières organiques
et inorganiques. L'énergie de cet engrais pur et com-
plexe fut telle, qu'on le regarda partout comme pouvant
suppléer victorieusement au fumier, sans amoindrir
la richesse initiale de la terre.

L'excellent accueil que les agriculteurs progressifs
continuèrent à faire au guano du Pérou, malgré l'élé-
vation de son prix de vente, engagea un grand nombre
de personnes à entreprendre la fabrication et le com-
merce d'engrais artificiels. C'est ainsi qu'on vit de
petits esprits suivre une voie déloyale, dans le but
d'offrir à l'agriculture des engrais fabriqués avec de
la terre, du sable, de la tourbe, etc., alliés à quelques
matières organiques animales, ayant une grande puis-
sance fertilisante. Suivant les prospectus de ces fabri-
cants, ces engrais devaient remplacer victorieusement
le guano du Pérou, les fumiers et tous les autres en-

grais. Le temps et l'expérience ont fait justice de ces spéculations éhontées.

Mais alors que de toutes les provinces partaient des récriminations justifiées contre ceux qui spéculaient ainsi sur la bonne foi des agriculteurs, quelques hommes, entre autres M. Derrien à Nantes, M. Pichelin à la Motte-Beuvron, M. Jaille à Agen, s'imposaient la mission de livrer à l'agriculture avec équité des engrais artificiels ayant une composition déterminée. Ces engrais, dont la teneur en azote, phosphate de chaux, sulfate de potasse, etc., etc., est inscrit sur les bulletins de livraison, n'ont pas une action fertilisante aussi immédiate que celle du guano du Pérou, mais les effets qu'ils produisent sont plus prolongés et répondent mieux aux besoins des plantes bisannuelles et vivaces. L'agriculture française n'a point oublié avec quelle bonne foi agissent les industriels précités, et elle continue à employer chaque année, dans une grande proportion, les engrais qu'ils fabriquent.

L'extension qu'on a donnée depuis vingt ans, dans la région septentrionale de la France, à la culture de la betterave, la difficulté d'avoir à des prix satisfaisants des os concassés ou de la poudre d'os, la nécessité désormais pour l'agriculture de phosphater et les

terres arables et les fumiers de ferme, afin d'élever le
rendement des céréales, des crucifères, etc., enga-
gèrent M. Demolon à rechercher si notre territoire ne
contenait pas, comme l'Estramadure, des gisements de
phosphate de chaux. Ses études eurent le succès le
plus complet, et elles lui permirent de signaler un
grand nombre de localités dans lesquelles ces nouveaux
engrais existaient dans une proportion considérable.
Aujourd'hui, l'agriculture peut se procurer partout,
moyennant une faible dépense, de la poudre de
phosphate de chaux natif.

Cette découverte précéda de quelques années l'im-
portation en France du phospho-guano, engrais excellent, livré pur et riche à la fois en principes azotés et
en sels phosphatés et alcalins. Partout où cet engrais
a été convenablement appliqué, on a constaté qu'il
exerçait une heureuse influence sur le rendement et la
qualité du blé.

C'est en Angleterre que cet engrais particulier a été
accepté pour la première fois par l'agriculture euro-
péenne. Ce fait n'a rien qui étonne. Au moment où il
arrivait sur le sol anglais, Liebig proclamait la supé-
riorité des engrais minéraux composés d'après les éléments contenus dans les plantes, sur les fumiers de

ferme. La pratique n'a pas confirmé depuis la théorie du célèbre chimiste de Giessen.

M. Georges Ville s'est engagé depuis bientôt dix années dans une voie à peu près analogue. Ainsi il propose de renoncer à l'emploi des fumiers fabriqués par les animaux domestiques, et de fertiliser les terres arables avec un mélange composé de sels ammoniacaux et alcalins, qui varient quant à leur proportion suivant la composition des plantes qu'on doit cultiver.

Loin de moi la pensée de révoquer en doute les excellents résultats obtenus par les agriculteurs qui ont mis en pratique les conseils de M. Georges Ville sur des terres anciennement fumées. Toutefois, je persiste à penser que les mélanges qu'il propose ne remplaceront jamais, pendant une longue période, les engrais naturels employés par l'agriculture depuis les temps les plus reculés.

Mon illustre confrère, M. Chevreul, considère les sels minéraux comme des engrais supplémentaires. J'ai le regret de ne pouvoir adopter son opinion. D'après mon expérience et les faits que j'ai constatés, ces sels sont de véritables *engrais complémentaires* des fumiers, et ils ne sont réellement utiles, comme matières fertilisantes, que lorsqu'on alterne leur emploi

1.

avec des matières organiques d'une facile décomposition. Voilà pourquoi je suis convaincu que le moyen
de fertilisation proposé par M. Georges Ville est d'autant plus efficace que les terres sur lesquelles on
l'applique contiennent davantage d'humus ou de matières organiques. Les faits observés par MM. Lawes
et Gilbert justifient mes dires, et ils concordent très-
exactement avec les remarques faites aussi en Angleterre par MM. Fleming et Hannam. Certes, vouloir
continuer, avec les sels minéraux, une culture donnée
pendant un long bail sur une terre dépourvue pour
ainsi dire d'humus, c'est avoir l'intention d'abord
d'épuiser la couche arable, et ensuite de s'engager
dans une voie peu économique.

En résumé, si les fumiers sont encore les premières
matières fertilisantes, on peut aisément rendre leur
action plus fécondante, plus efficace, en associant à la
quantité que réclame impérieusement la succession de
culture qu'on a combinée, des sels ammoniacaux et
alcalins, appliqués en temps utile, dans une proportion
justifiée par la pratique, la chimie et l'économie rurale.

PREMIÈRE PARTIE

—

LA FORMULE

DES FUMURES

LA FORMULE

DES FUMURES

---

§ 1. Influence exercée par les fumures.

Les engrais sont indispensables aux végétaux agricoles.

Lorsqu'on ne fume pas suffisamment le sol qu'on cultive, les matières organiques qu'il contient disparaissent d'année en année, et la fécondité de la couche arable diminue plus ou moins promptement selon les plantes qu'on cultive.

Cet *épuisement* est tantôt général, tantôt spécial. *Il est général* quand les plantes enlèvent à la terre

toutes les matières fertilisantes qu'elle contient ; *il est
spécial* si les plantes ne font disparaître que quel-
ques-uns des éléments solubles constitutifs.

On remédie à cette prostration de fécondité à l'aide
des fumiers, des engrais végétaux, des engrais animaux et de quelques engrais commerciaux.

En général, la fumure doit être aussi exactement
que possible en rapport, quant à ses effets, avec les
besoins des plantes qu'on se propose de cultiver et la
durée de l'assolement qu'on a choisi.

Toutes les fumures se composent de deux parties
bien distinctes : la première, que j'appellerai FUMURE
D'ENTRETIEN OU FUMURE D'ALIMENTATION, est principalement destinée à maintenir à la terre son degré de
richesse et surtout à satisfaire les exigences des
plantes cultivées ; la seconde, que je nommerai FUMURE
DE FERTILISATION, est appliquée dans le but d'accumuler
dans le sol à chaque rotation une certaine quantité
de matières organiques et inorganiques et d'augmenter
par là la fertilité de la terre.

Si l'on se contente, dans une culture donnée et sur
tous les terrains, d'appliquer seulement une fumure
d'entretien, on maintient la richesse du sol toutes
les fois que la faculté épuisante des plantes n'excède

pas la force de la fumure. Alors, on fait de la CULTURE STATIONNAIRE.

Quand, par contre, les plantes après avoir accompli toutes leurs phases d'existence, ont enlevé la fumure d'entretien et soutiré de plus à la terre une partie de sa richesse naturelle et initiale, le sol, par suite de cette CULTURE ÉPUISANTE, reste moins productif, puisqu'il a perdu une partie de sa fécondité.

Enfin, si la fumure est complète, c'est-à-dire si elle comprend d'abord tout l'engrais nécessaire aux plantes composant l'assolement, et ensuite une quantité plus ou moins grande de matières organiques et inorganiques utiles, excédant les besoins des végétaux et destinée à rester dans le sol à la fin de la rotation, la terre arable augmente en fécondité. Ainsi, quand, à chaque rotation, on capitalise dans la terre l'engrais constituant la fumure de fertilisation, on fait de la CULTURE AMÉLIORANTE.

Il ressort de ces observations que l'engrais est tout en agriculture, et qu'il rend la terre plus ou moins féconde et les systèmes de culture et les assolements plus ou moins productifs et économiques.

§ 2. Force des fumures.

Depuis la fin du siècle dernier on ne cesse de répéter que :

10,000à15,000k. de fumier représentent une fumure très-faible,
16,000à25,000	—	—	faible,
26,000à35,000	—	—	ordinaire,
36,000à50,000	—	—	forte,
51,000à75,000	—	—	extraordin.

De plus, on ajoute souvent qu'il faut fumer les terres labourables, si on veut obtenir des récoltes abondantes, à raison de 40,000 kilogrammes de fumier par hectare.

Ces conseils n'ont aucune valeur. On en jugera par le tableau ci-après, indiquant suivant la durée des assolements, la quantité de fumier qu'on appliquerait par hectare et par an :

Assolement de 3 ans. . . . . . . 13,500 k.
　　　—　　de 4 ans. 10,000
　　　—　　de 5 ans. 8,000
　　　—　　de 6 ans. 6,700
　　　—　　de 7 ans. 5,700

Ce tableau fait voir clairement la faute qu'on commet toujours quand on recommande à un agriculteur de fertiliser les terres qu'il exploite à raison de 30,000, 40,000, 50,000 ou 60,000 kilogrammes de fumier, alors qu'on ignore :

1° La nature de son sol ;

2° La richesse de ses terres labourables ;

3° L'assolement qu'il a adopté ;

4° Le système de culture qu'il veut suivre ;

5° Le degré d'épuisement causé par les plantes.

La fumure à appliquer par hectare doit être en rapport avec la faculté épuisante des plantes.

Plus les assolements sont exigeants, plus doivent être fortes les fumures.

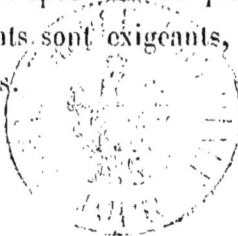

§ 3. Faculté épuisante des plantes.

Depuis longtemps on s'est demandé s'il est possible d'indiquer la quantité de fumier qu'il faut appliquer par hectare lorsqu'on a choisi un assolement, alors que les dernières récoltes ont permis d'apprécier la richesse initiale de la couche arable.

Il y a vingt ans, m'appuyant sur des expériences faites sur la ferme que j'exploitais alors en Bretagne, j'ai indiqué les quantités de fumier que les plantes fourragères, céréales et industrielles enlèvent au sol par chaque 100 kilogrammes de produits utiles qu'elles fournissent ; ainsi j'ai dit que :

1° PLANTES FOURRAGÈRES.

100 k. racines de betteraves. . . .	absorbent environ	70 k.
100 tubercules de pommes de terre	—	75
100 racines de carottes.	—	60
100 tiges et feuilles de choux. .	—	90
100 foin de vesces.	—	500

2° PLANTES ALIMENTAIRES.

100 k. de blé et les pailles qui les produisent absorb. envir. 700 k.
100   de seigle   —   —   600
100   d'avoine   ---   --   600
100   d'orge   —   —   600
100   de maïs   —   —   600
100   de sarrasin   ---   —   400

5° PLANTES INDUSTRIELLES.

100 k. de colza et les pailles. . . absorbent environ 1,100 k.
100   de pavot et les pailles. . .   —   1,100
100   tiges sèches de chanvre. .   --   1,500
100   tiges sèches de lin. . . .   —   1,500
100   feuilles sèches de tabac .   —   2,000
100   racines sèches de garance.   —   4,000

Je rappellerai que pour les agriculteurs le froment est plus épuisant que l'avoine, et le colza beaucoup plus exigeant que le blé.

En outre, j'observerai que je n'ai pas inscrit la luzerne, le sainfoin et le trèfle à la suite des plantes fourragères, parce que, dans ma pensée, ces plantes qui sont très-exigeantes réparent par leurs débris le

grand épuisement qu'elles occasionnent à la terre
pendant leur existence.

On a, dans ces dernières années, mis en doute l'utilité de ces données, et, de plus, on a avancé qu'elles
ne concordaient ni avec la pratique, ni avec la
science.

Je vais justifier très-brièvement les chiffres que
j'ai proposés; je m'appuierai d'abord sur les faits constatés par l'expérience et ensuite sur les travaux des
chimistes les plus distingués, en observant que je crois
inutile pour le moment d'avoir égard à l'influence que
le sol exerce par sa nature sur l'action plus ou moins
prolongée des engrais organiques et inorganiques qu'on
y a ajoutés.

Premier exemple. — Dans les contrées où les terres
arables, de consistance moyenne et de bonne fertilité,
sont louées 50 et 65 francs l'hectare, où l'on suit
encore l'assolement triennal pur :

> 1re année : jachère,
> 2e   —   froment,
> 3e   —   avoine.

On applique ordinairement sur la première sole, à

chaque rotation, environ 20,000 kilogrammes de bon fumier. Cette fertilisation permet d'obtenir par hectare, année moyenne :

20 hectol. ou 1,600 kilogr. de blé,
50 hectol. ou 1,500 kilogr. d'avoine.

D'après les chiffres d'épuisement que je viens de rappeler, le froment enlèverait au sol 11,000 kilogrammes de fumier et l'avoine 9,000 kilogrammes seulement.

J'admets ce que la science a constaté, que les labours exécutés sur la jachère rendent les principaux éléments des fumiers plus assimilables par les plantes. Incontestablement, sans l'action chimique des jachères, les matières constituant la richesse des terrains soumis à l'assolement triennal échapperaient en partie à l'action assimilatrice des deux céréales, froment et avoine, et celles-ci ne pourraient fournir les récoltes qu'elles donnent sur de tels sols dans les circonstances ordinaires.

Deuxième exemple. — Lorsque sur des terres de même nature, mais appartenant à une période de fécondité plus avancée, on adopte l'assolement que de Morel-Vindé proposait, il y a bientôt un demi-siècle, aux agriculteurs du nord de la France, et qui comprend quatre soles, savoir :

1ʳᵉ année : betterave,
2ᵉ   ---   avoine de mars,
3ᵉ   —   trèfle commun,
4ᵉ   —   blé d'hiver ;

on fume la première sole avec 50,000 kilogrammes de fumier. On a alors la presque certitude de récolter, en moyenne par hectare :

35,000 kilogr. de betteraves[1],
40 hectol. ou 2,000 kilogr. d'avoine,
25 hectol. ou 2,000 kilogr. de froment.

Ces divers produits correspondent exactement à la quantité de fumier appliquée en tête de la rotation ; ainsi, d'après les chiffres d'épuisement que j'ai proposés, les betteraves absorberaient 24,000 kilogrammes de fumier, l'avoine 12,000 kilogrammes et le froment 14,000 kilogrammes.

[1] Ce rendement paraîtra faible ; j'observerai qu'il représente le produit moyen, pendant 9 à 12 années, que donne la betterave sur de bonnes terres à blé, quand elle est cultivée, chaque année, sur une enduc de 10 à 15 hectares.

Troisième exemple. — Si, sur une terre plus riche ou appartenant à la période industrielle, on adoptait l'assolement *quinquennal* suivant :

1re année : betterave,
2e   —   blé de mars,
3e   —   trèfle,
4e   —   colza,
5e   —   blé d'hiver ;

il faudrait appliquer une fumure totale s'élevant par hectare à 80,000 kilogrammes de fumier. Cette fumure permettrait de récolter en moyenne par hectare :

Betterave. . . . .   40,000 kilogr. de racines,
Blé de mars. . . .   50 hectol. de graines,
Colza.   26   —   de graines,
Blé d'hiver. . . .   28   —   de graines.

D'après les chiffres d'épuisement, que j'ai admis, la betterave absorberait 28,000 kilogrammes de fumier, le blé de mars 17,000 kilogrammes, le colza 20,000 kilogrammes et le blé d'automne 15,000 kilogrammes.

Les 80,000 kilogrammes de fumier seraient appliqués comme il suit : 50,000 kilogrammes sur la première sole et 50,000 kilogrammes sur le trèfle, au moment de son défrichement.

Quatrième exemple. — Supposons maintenant qu'on ait intérêt à adopter l'assolement suivant sur un sol d'alluvion riche ou sur une terre argilo-siliceuse chaulée et féconde :

1ʳᵉ année : colza d'hiver,
2ᵉ — blé d'automne,
3ᵉ — tabac,
4ᵉ — blé d'automne,
5ᵉ — pavot œillette,
6ᵉ — blé d'automne.

Si la terre, à cause de sa richesse initiale, peut, après avoir été convenablement fumée, produire par hectare :

1°. . . . 50 hectol. de blé,
2°. . . . 50 — de colza,
3°. . . . 1,500 kilogr. de tabac,
4°. . . . 25 hectol. de pavot œillette ;

il faudra appliquer par hectare pendant la durée de la rotation une fumure minimum de 150,000 kilogrammes, soit 50,000 kilogrammes sur la première sole, 70,000 kilogrammes sur la troisième et 40,000 kilogrammes sur la cinquième.

Le colza enlèvera au sol environ 25,000 kilogrammes de fumier, chaque récolte de blé 17,000 kilogrammes, le tabac 60,000 kilogrammes et le pavot œillette 17,000 kilogrammes.

Il résulte de ces divers exemples : 1° que le sol soumis à la culture triennale ancienne conserve sa richesse initiale à la fin de chaque rotation ; 2° que la fécondité de la terre, sur laquelle est mis en pratique l'assolement quadriennal de Norfolk, augmente *un peu* chaque fois que l'assolement fait un retour sur lui-même par suite des débris que le trèfle laisse sur le sol ou dans la couche arable au moment où il est défriché ; 3° que le trèfle qui précède le colza dans l'assolement quinquennal ou de 5 ans, permet par les débris qu'il laisse dans le sol, d'abaisser la fumure à 75,000 kilogrammes par hectare ; 4° que la fumure totale exigée par l'assolement sextennal correspond aux moyens de fertilisation en usage dans les localités où l'agriculture flamande a adopté une telle succession de culture.

§ 4. Justification scientifique.

Des faits que je viens d'esquisser il résulte que les chiffres d'épuisement précités concordent avec les faits pratiques.

Examinons maintenant si la science les justifie.

Le fumier à demi décomposé, dosant 70 p. 100 d'eau, fabriqué dans les exploitations bien dirigées, contient en moyenne, suivant les analyses de MM. Boussingault, Payen, Dumas et Soubeiran, sur 1,000 kilogrammes, les principales matières ci-après :

Sels alcalins. . . . . 6 kilogr.
Chaux. 6
Acide phosphorique. 5
Acide sulfurique. 1   500
Azote. 5

Quels sont maintenant les principaux éléments constatés par MM. Boussingault, Fresenius, Anderson,

Volcker, Way, etc., dans les racines de la betterave, les semences et les pailles du froment et de l'avoine?

On peut avancer, d'après les travaux de ces savants chimistes, que 1,000 kilogrammes de racines de betteraves contiennent, à l'état normal, les substances suivantes :

Sels alcalins.	5 k. 500
Chaux.	0 600
Acide phosphorique.	0 500
Acide sulfurique.	0 020
Azote.	2 500

Or, si d'après les chiffres cités page 16, les 35,000 kilogrammes de betteraves ont absorbé 24,000 kilogrammes de fumier, voici, en imitant les tableaux imaginés pour la première fois par l'honorable M. Boussingault, quelle sera la balance chimique de cette culture :

	APPORTÉS PAR LES FUMIERS.	ENLEVÉS PAR LES RACINES.
Sels alcalins.	144 k.	122 k. 500
Chaux.	144	21
Acide phosphorique. . .	72	17 500
Acide sulfurique.	56	0 700
Azote.	120	70 500

La quantité de fumier supposée absorbée renferme donc plus d'éléments terreux et d'azote que les betteraves récoltées.

Les céréales permettent-elles de constater des résultats analogues ? Voici les matières que la science a constatées dans le froment :

	1,000 KIL. DE GRAIN.	1,000 KIL. DE PAILLE.
Sels alcalins..	6 k. 300	5 k.
Chaux.	0 . 700	5
Acide phosphorique. . .	10	2
Acide sulfurique. . . .	0 500	0 500
Azote.	21	4

Si l'hectare produit 2,000 kilogrammes ou 25 hectolitres de froment et 5,000 kilogrammes de paille, et si cette céréale enlève au sol 14,000 kilogrammes de fumier, on peut établir la balance chimique suivante :

	APPORTÉS PAR LES FUMIERS.	ENLEVÉS PAR LES RÉCOLTES.
Sels alcalins.	84 k.	37 k. 600
Chaux.	84	26 400
Acide phosphorique. . . .	42	30
Acide sulfurique.	21	3 100
Azote..	70	61

Ainsi encore, les substances apportées par les fumiers surpassent en poids les éléments enlevés par les produits du froment.

L'avoine contient par :

	1,000 KIL. DE GRAINS.	1,000 KIL. DE PAILLE.
Sels alcalins.	4 k. 500	10 k. 500
Chaux.	2	5
Acide phosphorique. .	5	1
Acide sulfurique. . . .	0 400	1 500
Azote.	18	5

Si l'hectare a donné 2,000 kilogrammes ou 40 hectolitres d'avoine et 4,000 kilogrammes de paille, et si cette céréale de mars a absorbé 12,000 kilogrammes de fumier, voici quelle sera la balance chimique de cette récolte :

	APPORTÉS PAR LES FUMIERS.	ENLEVÉS PAR LES RÉCOLTES.
Sels alcalins.	72 k.	51 k.
Chaux.	72	16
Acide phosphorique. . . .	56	14
Acide sulfurique.	18	6 800
Azote.	60	48

Ces divers résultats concordent exactement avec les balances qui précèdent.

2.

Le trèfle converti en foin contient par 1,000 kilogrammes :

Sels alcalins.	16 k.
Chaux.	22
Acide phosphorique.	7 800
Acide sulfurique.	5 800
Azote.	19

S'il produit 5,000 kilogrammes de foin par hectare, il aura enlevé au sol :

Sels alcalins.	90 k.
Chaux.	10
Acide phosphorique.	59
Acide sulfurique.	24
Azote.	95

Voici maintenant la balance chimique qui résume
l'absorption des diverses récoltes composant l'assolement quadriennal :

	APPORTÉS PAR LES FUMIERS.	ENLEVÉS PAR LES RÉCOLTES.
Sels alcalins.	300 k.	291 k. 100
Chaux.	300	173 400
Acide phosphorique. . .	150	100 500
Acide sulfurique. . . .	75	34 600
Azote.	250	274 500

L'azote apporté par le fumier sera donc le seul
élément qui ne correspondra pas à la quantité fixée
par les plantes. Cette différence ne peut permettre un
seul instant de douter de l'exactitude des chiffres
d'absorption que j'ai proposés.

On sait aujourd'hui que le trèfle rend au sol plus
qu'il ne lui prend en azote. On se rappelle aussi que
M. Boussingault a constaté à Bechelbronn qu'il laisse
dans la couche arable, après son défrichement, plus
de 1,500 kilogrammes de racines et d'éteules desséchées à 110° et dosant 27 kilogrammes d'azote,
quantité plus que suffisante pour faire disparaître le
déficit que je viens de constater [1]. Je passe sous silence
les études de M. Barral et les remarquables observations
de M. Isidore Pierre sur les eaux pluviales, ne voulant
pas citer d'autres faits scientifiques à l'appui de la
thèse que je soutiens.

J'ai dit que 100 kilogrammes de graines de colza
et la paille qui les ont produites enlevaient au sol
1,100 kilogrammes de fumier.

---

[1] J'ai indiqué, dans mon ouvrage intitulé : *les Plantes fourragères*,
la quantité de racines que la luzerne, le sainfoin, etc., laissent dans
le sol où ils ont végété.

Voici la balance chimique qu'on peut établir pour justifier cette absorption :

	APPORTÉS PAR LES FUMIERS.	ENLEVÉS PAR LES RÉCOLTES.
Sels alcalins.	6 k. 600	5 k. 200
Chaux.	6 600	3 500
Acide phosphorique. . .	3 300	2 600
Acide sulfurique.	1 650	1 200
Azote.	5 500	5

La concordance qu'on observe entre les éléments que les fumiers apportent dans le sol et les principes absorbés par les plantes justifie de nouveau l'utilité des chiffres d'épuisement que j'ai proposés.

D'après ces résultats une terre, à laquelle on demanderait une récolte de colza s'élevant à 25 hectolitres et une récolte de froment de 30 hectolitres, devrait recevoir par hectare avant la plantation du colza une fumure de 36,000 à 40,000 kilogrammes de fumier bien fabriqué. Je suppose que le colza pèse 70 kilogrammes l'hectolitre et le froment 80 kilogrammes.

§ 5. Pratique de la formule.

Il ne suffit pas d'indiquer la formule à l'aide de laquelle on peut déterminer la quantité de fumier qu'exige un assolement, il faut aussi faire connaître la marche à suivre pour résoudre ce problème.

1° On combine ou on détermine l'assolement qu'on doit adopter eu égard au climat sous lequel on réside, à la nature et à la fécondité du sol qu'on exploite, aux capitaux dont on dispose, aux spéculations végétales et animales qu'on peut entreprendre ;

2° On suppute aussi très-exactement les produits moyens que les plantes qu'on doit cultiver peuvent donner par hectare sur les terres labourables qui leur sont destinées ;

3° Puis on multiplie les rendements présumés par la quantité de fumier que les plantes absorbent et que

j'ai indiquées page 12 dans le paragraphe ayant pour
titre : *Faculté épuisante des plantes* ; le résultat représente la force de la fumure totale qu'il est nécessaire
d'appliquer par hectare pendant toute la durée de la
rotation.

Supposons qu'on veuille mettre en pratique, sur
un domaine de 100 hectares, l'assolement suivant
appartenant à la culture de l'arrondissement de
Lille (Nord) :

> 1re année : tabac,
> 2e   —   betterave,
> 3e   —   froment d'automne,
> 4e   —   trèfle,
> 5e   —   avoine jaune du Nord.

Si les renseignements recueillis permettent de
compter sur les produits ci-après :

> 2,000 kilogr. de feuilles sèches de tabac,
> 50,000   —   de betterave à sucre,
> 55 hect. ou 2,800   —   de blé d'automne,
> 50   —   ou 2,500   —   d'avoine de printemps ;

il faudra exécuter les calculs suivants :

20 quintaux de feuilles de tabac $\times$ 4,000 k. = 80,000 k.
500   —   de betteraves. . . $\times$ 70   = 55,000
28   —   de blé. . . . . . $\times$ 700   = 20,000
25   —   d'avoine. . . . . $\times$ 600   = 15,000

TOTAL. . . . . . .   150,000 k.

Soit environ 50,000 kilogrammes de fumier ou son équivalent par hectare et par an.

Cet assolement est soutenu dans les environs de Lille à l'aide de 62 voitures de fumier à deux chevaux, 10,000 kilogrammes de tourteaux et 450 hectolitres de courte graisse ou engrais flamand, ayant un effet annuel.

On devra procéder de la même manière s'il s'agissait de connaître la quantité de fumier à appliquer par hectare sur un sol produisant 20 hectolitres de blé d'hiver et 35 hectolitres de maïs, alors que l'assolement biennal choisi serait ainsi disposé :

1re année : maïs,
2e   —   blé d'automne.

Si l'on opérait les calculs nécessaires, on trouverait que cette succession de culture exige environ 25,000 kilogrammes de fumier par hectare ou 12,500 kilogrammes par hectare et par an.

Cet assolement est suivi depuis longtemps sur les terres fertiles de la vallée de la Garonne.

Quoi qu'il en soit, la marche à suivre, les calculs à effectuer pour appliquer la formule que je propose, ne présentent aucune difficulté, si on a égard aux trois principes que j'ai posés page 27.

§ 6. Principes généraux.

Mais peut-on conclure des formules que j'ai indiquées qu'on récoltera toujours 100 kilogrammes de
blé par chaque 700 kilogrammes de fumier bien fabriqué et appliqué dans un sol quelconque convenablement préparé? Évidemment non !

S'il en était autrement, il faudrait admettre que
deux quantités données, mais égales, de fumier, appli-
quées sur un sol pauvre et sur une terre féconde, font
produire des récoltes identiques de froment, d'avoine,
de betterave, de colza, de lin, etc.

D'après les nombreuses remarques que j'ai faites,
je n'hésite pas à avancer qu'un poids déterminé de
fumier produit sur les plantes des effets d'autant plus
remarquables que la richesse initiale de la couche
arable est plus élevée, que la nature du sol est plus
favorable aux plantes.

3

C'est pourquoi les terres riches ou fécondes et appartenant aux périodes de fertilité céréale et industrielle, exigent moins de fumier relativement, pour produire de bonnes récoltes, que les terres qu'on classe dans les périodes de fécondité pacagère et fourragère.

Mais suffit-il sur une *bonne terre à blé*, c'est-à-dire argilo-calcaire ou calcaire-siliceuse ou silico-argileuse, profonde et reposant sur un sous-sol perméable, d'appliquer par hectare 28,000 kilogrammes de fumier, convenablement fabriqué, pour espérer une récolte de 40,000 kilogrammes de betteraves ou 14,000 kilogrammes du même engrais, pour pouvoir compter obtenir sur la même terre, par hectare, une récolte de 25 hectolitres de froment ?

Si toutes les matières organiques et minérales que contient le fumier devenaient promptement assimilables par les plantes, il est hors de doute que la betterave et le froment végétant sur des terres de moyenne fécondité donneraient à l'aide des fumures précipitées, des récoltes égales à celles qu'ils fournissent communément quand ils accomplissent leurs diverses phases d'existence sur des terres fortement fumées.

Pour obtenir des récoltes satisfaisantes sur des

terres de bonne qualité, c'est-à-dire contenant de 5 à
7 et même 8 p. 100 d'humus, il faut appliquer en
tête de la rotation une fumure en rapport avec les
produits que la terre doit donner pendant deux, trois
ou quatre années.

Ainsi, après avoir apprécié la richesse normale de
la couche arable et déterminé les produits que les
plantes choisies peuvent y donner, on doit calculer la
quotité de fumier qu'elles absorberont pendant la
durée totale ou la première partie de la rotation de
l'assolement. Cette quantité excédera de beaucoup les
besoins de la plante cultivée sur la première sole, mais
tous les principes du fumier ne devenant complète-
ment assimilables que lorsque l'engrais a séjourné
plusieurs années en terre, on doit conclure que ces
mêmes principes n'excéderont pas, pendant la première et même la seconde année, la somme des éléments nécessaires au développement successif des
parties herbacées ou semi-ligneuses, si l'ordre de succession des récoltes a été bien étudié.

Mais les plantes qui suivent les fumures dans les
terres déjà riches et sur lesquelles les fumiers produisent leur effet maximum, se développent-elles
principalement sous l'influence des principes orga-

niques et inorganiques solubles que les engrais apportent dans le sol, ou s'assimilent-elles une partie de l'humus qui constitue la richesse initiale du sol ?

Il est hors de doute que les matières organiques composant l'humus sont en grande partie inertes et qu'il faut les comparer au terreau fourni par les couches de fumier qu'on construit dans les jardins pour les cultures forcées. Cela est si vrai qu'une terre très-riche en humus cesse bientôt de produire des récoltes abondantes si on néglige de la fumer ; mais est-ce à dire pour cela que le terreau a presque disparu du sol et que ce dernier est devenu moins riche que les terres de fertilité très-ordinaire sur lesquelles on continue à appliquer des fumiers ? Non.

Si on constate dans l'activité de la couche arable une prostration évidente, cela tient à ce que le terreau, malgré la chaleur et l'humidité du sol, ne peut plus, pour ainsi dire, entrer de nouveau en voie de décomposition et aider à la formation des nitrates. Pour qu'il continue à fermenter, pour que les éléments organiques deviennent assimilables, il faut enfouir dans la couche arable des fumiers nouvellement fabriqués ou des engrais riches en principes ammoniacaux ; car, comme l'a démontré M. Payen, le fumier frais

mis en contact avec de l'humus privé de son azote détermine à l'intérieur du sol une fermentation assez
active pour amener la décomposition des détritus
inertes engagés entre les éléments constitutifs de la
terre arable.

De là il résulte que les fumures fournissent aux
plantes qui occupent les premières soles des parties
alimentaires, mais qu'elles ont aussi pour effet de
rendre l'humus du sol plus promptement assimi-
lable.

J'ajouterai qu'une quantité donnée de fumier produit toujours plus d'effets sur les plantes, lorsqu'on
l'applique dans des sols sains et calcaires, que lorsqu'on l'enfouit dans un sol humide ou non calcaire
et acide.

Je ne poursuivrai pas ces explications. Il me
suffit de les effleurer pour qu'on ne puisse me re-
procher de soutenir qu'une quantité donnée de fumier fera produire sur tous les terrains les mêmes
récoltes.

En résumé, je persiste à penser que la formule que
j'ai déduite d'observations rigoureuses, et qui a pour
appui les faits sanctionnés par la science et la pratique

peut être considérée en ce moment comme un excellent jalon, quand il sera question de déterminer la fumure à appliquer en tête d'un assolement. La chimie, par ses travaux, la modifiera ou la déduira peut-être un jour. Quand ce moment sera arrivé, je m'inclinerai en rendant hommage à ses travaux et en acceptant les nouvelles lumières dont elle aura enrichi l'agriculture française.

SECONDE PARTIE

—

LA FORMULE

DES ÉTENDUES EN FOURRAGES

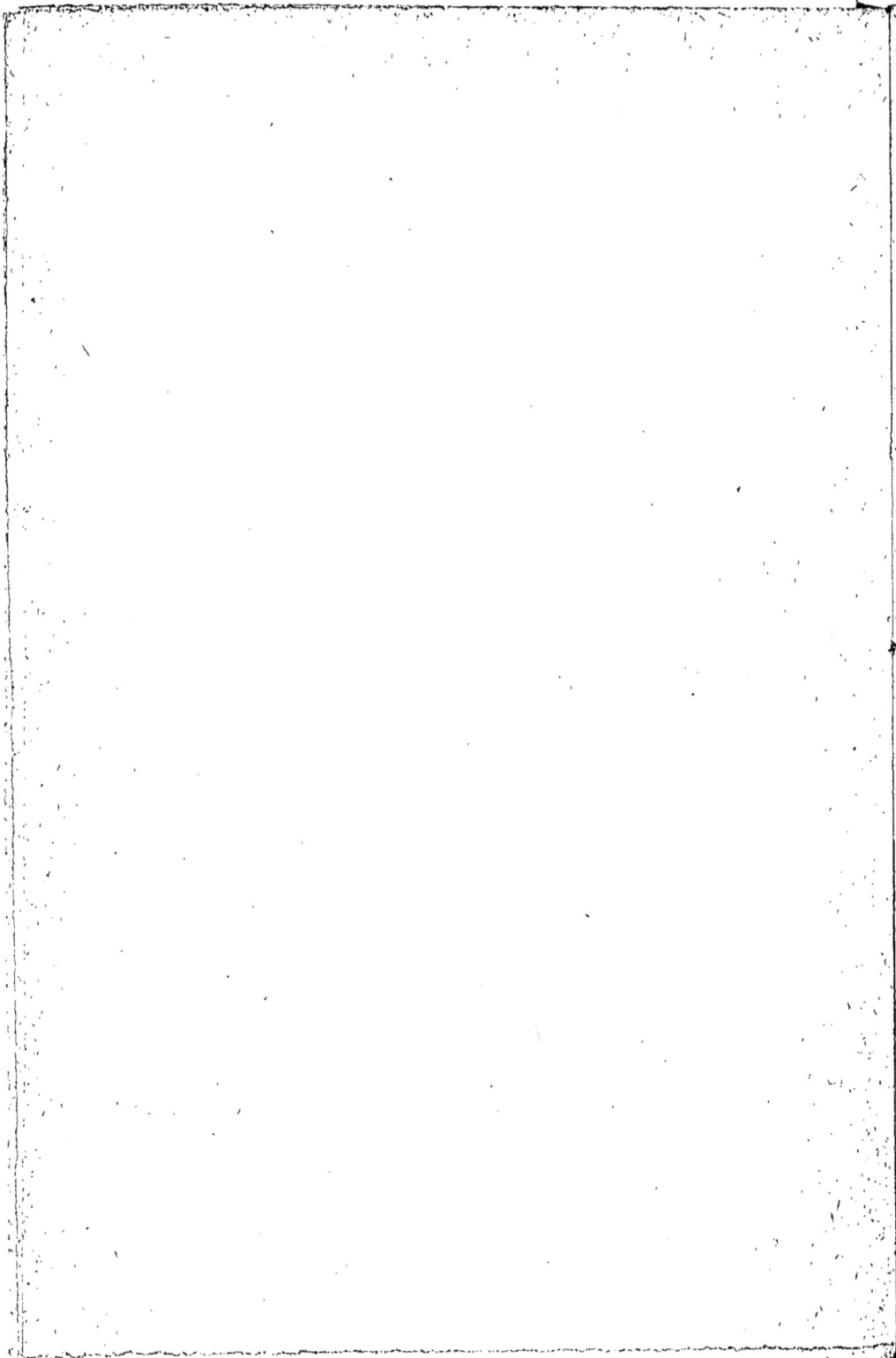

LA FORMULE

DES ÉTENDUES EN FOURRAGES

---

§ 1. Problème à résoudre.

Quel rapport doit exister entre les cultures céréales et industrielles et les cultures fourragères ?

En 1757, la Société d'agriculture de Bretagne a résolu cette importante question dans les termes suivants :

L'étendue des prairies doit être déterminée par la quantité de bétail qu'on doit entretenir, et le nombre de bestiaux dépend de la quantité d'engrais qu'exige la culture.

3.

Toutefois, comme les prairies naturelles et les prairies artificielles sont plus ou moins productives, selon la nature et la richesse du sol, on doit conclure que leur étendue sera toujours, comme l'a dit Yvart, en raison inverse de la fertilité de la couche arable. Ainsi, cette surface sera plus grande dans les contrées pauvres que dans les pays riches, dans les localités où les prairies ne sont fauchées qu'une fois que dans les contrées où elles fournissent chaque année deux, trois et même quatre coupes.

Le rapport qui doit exister entre les plantes cultivées pour assurer l'existence des animaux de travail et de vente et la surface qu'on peut accorder aux plantes dont les produits doivent être vendus, est le problème le plus important de toutes les questions que l'agriculture peut poser.

§ 2. **Rapport entre le fumier produit et le fumier absorbé.**

Pour résoudre avec succès le problème qui précède, il faut mentionner d'abord le déficit qui existe entre le fumier que les plantes absorbent et celui qu'on peut fabriquer avec les produits non commerciaux qu'elles fournissent.

Voici les chiffres moyens que j'ai constatés par 100 kilogrammes :

PLANTES ALIMENTAIRES.

	FUMIER ABSORBÉ.	FUMIER PRODUIT.	DÉFICIT.
Blé..	700 k.	400 k.	500 k.
Seigle.	600	480	129
Avoine.	600	520	280
Orge..	600	520	280
Maïs.	600	480	120

PLANTES INDUSTRIELLES.

	FUMIER ABSORBÉ.	FUMIER PRODUIT.	DÉFICIT.
Colza..	1,100 k.	320 k.	780 k.
Pavot-œillette. . .	1,100	400	700
Tabac.	4,000	»	4,000
Chanvre.	1,500	»	1,500
Lin.	1,500	»	1,500
Garance..	2,000	»	2,000

PLANTES FOURRAGÈRES.

	FUMIER ABSORBÉ.	FUMIER PRODUIT.	DÉFICIT.
Betterave.	70 k.	35 k.	35 k.
Carotte.	60	30	30
Pommes de terre..	75	50	25
Navet..	50	24	26

De ces faits il résulte qu'aucune des plantes préci-
tées ne se suffit à elle-même, aucune ne fournit assez
de matériaux pour qu'on puisse fabriquer à l'aide des
animaux de travail ou de rente une quantité de fumier
égale à celle qu'elles absorbent.

On commet donc une grave erreur lorsqu'on sou-
tient qu'on peut fabriquer avec les pailles fournies
par les céréales ou à l'aide des racines produites par
les betteraves, tout le fumier exigé par ces deux
plantes.

§ **3. Quantité de foin nécessaire pour combler le déficit
existant entre l'absorption et la production du fumier.**

Le déficit existant entre l'absorption et la production du fumier ayant été constaté, il est dès lors facile
de faire connaître les quantités de foin qui seront
nécessaires pour équilibrer la production et l'absorption du fumier.

Voici ces quantités par chaque 100 kilogrammes de
graines, de tiges ou feuilles sèches, de racines ou tubercules :

PLANTES ALIMENTAIRES.

Blé.	environ	200 kilogr. de foin.
Seigle.	—	80 —
Orge.	—	186 —
Avoine.	—	186 —
Maïs.	—	80 —

PLANTES INDUSTRIELLES.

Colza.	environ	520 kilogr. de foin.
Pavot-œillette. . . .	—	470 —
Tabac.	—	2,650 —
Chanvre..	—	1,000 —
Lin.	—	1,000 —
Garance..	—	1,550 —

PLANTES FOURRAGÈRES.

Betterave.	environ	25 kilogr. de foin.
Carotte.	—	20 —
Pommes de terre. . . .	—	16 —
Navet..	—	16 —

Loin de moi la pensée, je le répète, de proposer tous ces nombres comme invariables. En attendant que la science en ait proposé d'autres, je suis en droit, d'après les nombreuses observations que j'ai faites, de les regarder comme plus exactes et plus pratiques que tous les chiffres qui ont été proposés jusqu'à ce jour en France, en Allemagne ou en Angleterre.

§ 4. Étendues fourragères nécessaires.

Il résulte des quantités de foin inscrites dans le précédent paragraphe que les plantes qui y sont mentionnées doivent être soutenues, par chaque 100 kilogrammes de graines ou de racines, ou de tubercules, qu'elles produisent, par les étendues suivantes en fourrages :

PLANTES ALIMENTAIRES.

		PRAIRIES A 3,000 K. DE FOIN.	PRAIRIES A 4,000 K. DE FOIN.	PRAIRIES A 5,000 K. DE FOIN.	PRAIRIES A 6,000 K. DE FOIN.
Froment..	environ	6ᵃ 66	5ᵃ 00	4ᵃ 00	3ᵃ 33
Seigle...	—	2 66	2 00	1 60	1 33
Orge...	—	6 20	4 65	3 72	3 10
Avoine...	—	6 20	4 65	3 72	3 10
Maïs...	—	2 60	2 00	1 60	1 33

PLANTES INDUSTRIELLES.

	PRAIRIES A 3,000 K. DE FOIN.	PRAIRIES A 4,000 K. DE FOIN.	PRAIRIES A 5,000 K. DE FOIN.	PRAIRIES A 6,000 K. DE FOIN.
Colza. . . environ	17ᵃ 33	13ᵃ 00	10ᵃ 40	8ᵃ 66
Pavot-œillette. —	15 66	11 75	9 40	7 83
Tabac. . . . —	88 66	66 50	53 20	43 33
Chanvre.. . . —	33 00	25 20	20 00	16 66
Lin. . . . . —	33 00	25 20	20 00	16 66
Garance.. . . —	44 33	33 25	26 60	22 16

PLANTES FOURRAGÈRES.

	PRAIRIES A 3,000 K. DE FOIN.	PRAIRIES A 4,000 K. DE FOIN.	PRAIRIES A 5,000 K. DE FOIN.	PRAIRIES A 6,000 K. DE FOIN.
Betterave. . environ	0ᵃ 76	0ᵃ 57	0ᵃ 46	0ᵃ 38
Carotte. . . . —	0 66	0 50	0 40	0 33
Pommes de terre. —	0 53	0 40	0 32	0 27
Navet. . . . . —	0 53	0 40	0 32	0 27

Les nombres inscrits dans ces trois tableaux justi-fient ce que je disais page 40 : que les étendues en fourrages qu'on doit avoir, sont toujours en raison inverse de la fertilité de la terre.

J'appliquerai les diverses données qui précèdent à la culture de quelques plantes. Je supposerai des ren-dements divers, mais moyens, afin que les résultats soient mieux compris.

Premier exemple. — Froment d'automne.

PRODUITS PAR HECTARE.	POIDS TOTAL DU GRAIN.	PRAIRIES À 3,000 KIL. DE FOIN.	PRAIRIES À 4,000 KIL. DE FOIN.	PRAIRIES À 5,000 KIL. DE FOIN.	PRAIRIES À 6,000 KIL. DE FOIN.
16 hect.	1,280 k.	84ª 48	64ª 00	51ª 20	42ª 24
18	1,440	97 68	72 00	57 60	48 84
20	1,600	105 60	90 60	64 00	52 80
22	1,760	116 16	88 00	70 40	58 08
25	2,000	133 20	100 00.	80 00	66 60
50	2,400	158 40	120 00	96 00	79 20
Étendue moyenne par hectol. environ..		5 00	4 00	5 00	2 50

Les nombres inscrits dans les quatre dernières colonnes indiquent donc les étendues en prairies naturelles ou en prairies artificielles qui sont nécessaires pour soutenir chaque hectare cultivé en froment.

Par conséquent, les contrées où le froment produit peu n'ont pas besoin d'avoir une étendue en plantes fourragères aussi considérable que les localités dans lesquelles cette céréale donne 25 et 50 hectolitres par hectare.

En d'autres termes, le blé est d'autant plus pro-

ductif qu'il est soutenu par une plus grande surface
consacrée à la culture des plantes fourragères.

C'est donc avec raison qu'on a souvent répété :

> Qui veut du blé doit faire des prés ;
> Avec des prés on a du blé ;
> Sans prés, point de blé ;
> Plus on a de prés, plus on a de blé.
> Qui a du foin a du pain !

C'est en donnant une plus grande extension à la
culture fourragère qu'on parviendra, dans les pays
pauvres, à augmenter le rendement du blé et des
autres céréales; c'est en cultivant les plantes fourragères : betterave, carotte, vesce, jarosse, maïs,
luzerne, sainfoin, etc., etc., qu'on pourra nourrir un
plus grand nombre de têtes de gros bétail, fabriquer
une plus grande masse de fumier et cultiver des
plantes exigeantes ou très-épuisantes, comme le colza,
le lin, le tabac, etc., etc., sans diminuer la richesse
initiale de la terre.

Deuxième exemple. — Avoine de printemps.

Voici les surfaces en fourrages que l'avoine oblige à posséder :

PRODUITS PAR HECTARE.	POIDS TOTAL DU GRAIN.	PRAIRIES A 5,000 KIL. DE FOIN.	PRAIRIES A 4,000 KIL. DE FOIN.	PRAIRIES A 5,000 KIL. DE FOIN.	PRAIRIES A 6,000 KIL. DE FOIN.
20 hect.	1,000 k.	62ᵃ 00	46ᵃ 50	37ᵃ 20	51ᵃ 00
25	1,250	77 50	58 12	46 50	58 75
30	1,500	95 00	69 75	56 80	46 50
35	1,750	108 50	74 36	65 10	54 25
40	2,000	124 00	95 00	74 40	62 00
45	2,250	139 50	104 62	85 20	68 75
Étendue moyenne par hectol. environ. .		5 00	2 50	2 00	1 60

Quand on compare les surfaces fourragères exigées par le froment aux étendues nécessaires pour soutenir la culture de l'avoine, on voit que ces dernières surfaces sont moins grandes que les étendues exigées par le blé. D'où il faut conclure que le froment est plus exigeant, plus épuisant que l'avoine.

Troisième exemple. — Betterave.

La betterave, considérée comme plante fourragère ou comme plante saccharifère ou à sucre, ne se suffit pas à elle-même. Voici les surfaces en prairies qu'elle oblige à posséder :

PRODUITS PAR HECTARE.	PRAIRIES A 3,000 KIL. LE FOIN.	PRAIRIES A 4,000 KIL. DE FOIN.	PRAIRIES A 5,000 KIL. DE FOIN.	PRAIRIES A 6,000 KIL. DE FOIN.
25,000 k.	190ᵃ 00	142ᵃ 00	115ᵃ 00	95ᵃ 00
50,000	228 00	171 00	138 00	114 00
35,000	266 00	199 00	161 00	133 00
40,000	300 00	220 00	184 00	150 00
Étendue moyenne par 1,000 kil.	7 60	5 60	4 60	3 80

La betterave ne peut donc être cultivée que sur des exploitations ayant de grandes surfaces en fourrages ou pouvant disposer de beaucoup de fumier.

Quatrième exemple. — Colza d'hiver.

Voici les étendues fourragères exigées par le colza

PRODUITS PAR HECTARE.	POIDS TOTAL DU GRAIN.	PRAIRIES A 4,000 KIL. DE FOIN.	PRAIRIES A 5,000 KIL. DE FOIN.	PRAIRIES A 6,000 KIL. DE FOIN.
18 hect.	1,260 k.	165·80	151·20	109·11
20	1,400	182 00	145 60	121 24
25	1,750	227 50	182 00	142 55
30	2,100	273 00	218 40	181 86
35	2,450	318 50	254 80	212 17
Étendue moyenne par hectolitre environ.		9 00	7 00	6 00

L'étendue considérable de prairies artificielles ou naturelles exigées par le colza permet de dire que cette plante industrielle ne peut être cultivée que dans les exploitations où l'on récolte beaucoup de fourrages, où l'on importe beaucoup de fumier ou d'engrais commerciaux.

Il m'aurait été très-facile d'insérer ici les tableaux concernant toutes les autres plantes alimentaires ou industrielles, mais, désirant publier un livre portatif je me suis borné à donner les quatre tableaux qui précèdent.

Les données, insérées pages 45 et 46, permettront de coordonner les tableaux qu'on aurait intérêt à consulter pour telle ou telle plante alimentaire, fourragère ou industrielle.

§ 5. Justification de la formule.

Dans le but de justifier la valeur agricole pratique des données qui précèdent, j'examinerai trois assolements différents. Cet examen indiquera si ces successions de culture se suffisent à elles-mêmes.

Je supposerai trois exploitations ayant chacune une étendue de 100 hectares.

Premier exemple. — Assolement triennal.

Si, sur la première exploitation ayant des terres appartenant à la période céréale et produisant en moyenne par hectare 18 hectolitres de froment et 25 hectolitres d'avoine, on adopte l'assolement triennal suivant :

1ʳᵉ année : jachère labourée et fumée;
2ᵉ   —   blé d'hiver;
3ᵉ   —   avoine de printemps.

Chaque hectare occupé par les deux céréales exigera en luzerne, en sainfoin ou en prairie naturelle pouvant produire 4,000 kilogrammes de foin par hectare, les surfaces suivantes :

```
1 hectare froment.. . . . . .   environ    72 ares.
1   —    avoine. . . . . .       —         58
                                         ─────────
                        TOTAL. . . . .   150 ares.
```

Donc, il faudra avoir 55 centièmes de l'étendue totale de l'exploitation en prairie artificielle et en fourrages annuels.

Or, si les terres sont divisées en quatre soles, ayant chacune 25 hectares, ces divisions seront occupées chaque année de la manière suivante :

```
1re sole. . . . . . { jachère nue.. . . . 17 } 25 hectares.
                    { fourrages annuels.  8 }
2e sole.. . . . . . . froment d'hiver. . . .  25
3e sole.. . . . . . . avoine de printemps. .  25
Sole hors de rotation. luzerne ou sainfoin.. .  25
                                            ─────────
                        TOTAL. . . . . . . 100 hectares.
```

La surface occupée chaque année par les fourrages devra donc être au minimum de 55 hectares. C'est

en donnant plus d'extension à la culture des fourrages
annuels qu'on pourra accroître la force des fumures,
élever la fécondité des terres et augmenter les rendements du froment, de l'avoine et de la prairie
artificielle.

Deuxième exemple. — Assolement quadriennal.

Supposons maintenant qu'on ait intérêt à adopter
l'assolement quadriennal de Norfolk sur des terres de
bonne qualité. Cette succession de culture comprend
les quatre soles suivantes :

> 1ʳᵉ année : betterave fumée,
> 2ᵉ —   avoine de printemps,
> 5ᵉ —   trèfle,
> 4ᵉ —   froment d'automne.

Si la terre, à cause de sa nature, de sa fécondité et
de son bon état de culture, peut donner par hectare
les *rendements moyens* ci-après :

> Betterave. . . . . . .   50,000 kilogr. de racines.
> Avoine de mars.. . . . .   55 hectolitres de grains.
> Froment d'hiver. . . . .   25 — —
> Prairies artificielles. . .   6,000 kilogr. de foin.

Chaque hectare exigera les étendues fourragères suivantes :

Betterave.	114 ares.
Avoine.	54
Froment.	66
TOTAL.	234 ares

Soit 46 hectares 80 pour tout le domaine.

Il faudra donc soutenir cet assolement : 1° par une prairie artificielle vivace, luzerne ou sainfoin, ou à l'aide d'une prairie naturelle ; cette prairie aura une étendue égale au cinquième du domaine, soit 20 hectares ; 2° par des engrais commerciaux ou des fumiers importés sur le domaine.

L'exploitation offrira donc chaque année :

Froment et avoine.	40 hectares.
Trèfle et luzerne.	40
Betterave.	20

Si, à côté de la trèflière et de la luzernière, le domaine possédait 6 à 7 hectares en prairie naturelle, la culture se suffirait complétement à elle-même et il n'y aurait pas nécessité à importer annuellement une

4

certaine quantité de guano du Pérou ou de tourteaux ou de poudrette.

Troisième exemple. — Assolement quinquennal.

Enfin, supposons qu'on veuille adopter sur des terres de bonne qualité et appartenant à la période de fertilité industrielle un assolement quinquennal ainsi combiné :

1re année : betterave à sucre,
2e — avoine ou orge,
3e — trèfle,
4e — colza d'hiver,
5e — froment d'automne.

Si la terre peut produire :

40,000 kilogrammes de racines de betteraves,
35 hectolitres d'orge ou d'avoine,
25 — de colza,
30 — de blé d'hiver,
6,000 kilogrammes de foin de trèfle ;

chaque hectare occupé par les céréales, le colza et

la betterave, exigera les étendues suivantes en four-
rage :

1 hectare	betterave.	150 ares.
1	—	orge ou avoine.	54
1	—	colza.	142
1	—	froment.	79

TOTAL. 4 hectares.　　TOTAL. . . . . . 425 ares.

Si chaque sole, y compris la prairie artificielle située
en dehors de la rotation a une étendue moyenne de
16 hectares 65 ares, l'exploitation présentera chaque
année les cultures suivantes :

Betterave.	$16^h 65$
Orge ou avoine.	16 65
Trèfle.	16 65
Colza.	16 65
Blé.	16 65
Luzerne.	16 65

Soit 66 hectares 60 en plantes commerciales et
33 hectares 30 en plantes fourragères.

Or, si l'on établit la proportion suivante :

$$4 \text{ hectares} : 4^h 25 :: 66^h 60 : x ;$$

on reconnaît que l'assolement exige, pour se suffire à lui-même, 70 hectares en prairies fauchables.

Comme le domaine n'en possède que 35 hectares 50 ares, il faudra ou modifier l'assolement et y introduire une sole fourragère ou importer chaque année sur l'exploitation environ 330,000 kilogrammes de fumier ou son équivalent.

Si la prairie artificielle située hors de rotation donnait en moyenne 8,000 kilogrammes de foin, au lieu de 6,000 kilogrammes qui est le rendement supposé de la trèflière, le déficit en fumier resterait dans les limites de 280,000 kilogrammes.

Si l'on prolongeait la durée de l'assolement d'une année en intercalant une sole de fourrages annuels entre le colza et le froment, modification qui rendrait cette céréale plus productive, on aurait alors chaque année les cultures suivantes :

Betteraves.	14 30	
Avoine ou orge.	14 30	
Colza.	14 30	57 20
Froment.	14 30	
Trèfle.	14 30	
Fourrages annuels	14 30	42 90
Luzerne.	14 30	

Alors l'assolement n'exigerait plus pour se soutenir que 58 hectares de prairies fauchables au lieu de 70 hectares.

Dans cette dernière hypothèse le déficit en fumier s'élèvera seulement à 135,000 kilogrammes si le rendement de la luzerne est de 6,000 kilogrammes de foin par hectare et il descendra à 90,000 kilogrammes si cette légumineuse donne par hectare 8,000 kilogrammes de foin.

Les données concernant cette dernière succession de culture seront peut-être considérées comme *théoriques* par quelques lecteurs ; mais si ces agriculteurs veulent bien s'imposer la tâche de s'enquérir des faits qu'on a constaté dans les localités où des assolements à peu près analogues ont été adoptés avec succès, ils reconnaîtront bientôt que les résultats des calculs qui précèdent sont en concordance parfaite avec la pratique.

TABLE DES MATIÈRES

PREMIÈRE PARTIE

LA FORMULE DES FUMURES.

SECONDE PARTIE

LA FORMULE DES ÉTENDUES EN FOURRAGES.

PARIS — IMP. SIMON RAÇON ET COMP., RUE D'ERFURTH, 1.

CATALOGUE

DE LA

LIBRAIRIE AGRICOLE

DE

LA MAISON RUSTIQUE

RUE JACOB, 26, A PARIS

PAR ORDRE DE MATIÈRES ET NOMS D'AUTEURS

JANVIER 1868

DÉSIGNATION DU CATALOGUE

AVIS IMPORTANT

Toute commande de livres publiés à Paris, si elle est faite par un abonné du *Journal d'agriculture pratique*, de la *Revue horticole* ou de la *Gazette du village*, et accompagnée du prix de ces livres en un mandat sur Paris, ou, ce qui est plus sûr, en un bon de poste dont on garde la souche, qui sert de quittance, est expédiée sur tous les points de la *France*, de l'*Algérie*, de l'*Italie*, de la *Belgique* et de la *Suisse*, franco, au prix marqué dans les catalogues, c'est-à-dire au même prix qu'à Paris.

Les commandes de plus de 50 francs, faites dans les mêmes conditions, sont expédiées *franco* et sous déduction d'une *remise de dix pour cent*.

Quel que soit le chiffre de la commande, la remise est toujours de *dix pour cent* pour les abonnés, lorsque, au lieu d'expédier par la poste les ouvrages demandés, la *Librairie agricole* les livre au comptant à Paris.

Le catalogue de la *Librairie agricole* est expédié *franco* à toute personne qui en fait la demande *franco*.

On ne reçoit que les lettres affranchies.

MAISON RUSTIQUE DU XIXᵉ SIÈCLE

CINQ VOLUMES GRAND IN-8 A DEUX COLONNES

ÉQUIVALANT A 25 VOLUMES IN-8 ORDINAIRES, AVEC 2,500 GRAVURES

REPRÉSENTANT

LES INSTRUMENTS, MACHINES, ANIMAUX, ARBRES, PLANTES, SERRES
BATIMENTS RURAUX, ETC.

PUBLIÉS SOUS LA DIRECTION DE

MM. BAILLY, BIXIO ET MALPEYRE

TABLE DES PRINCIPAUX CHAPITRES DE L'OUVRAGE

Prix des 5 volumes (ouvrage complet).... 39 fr. 50
Chaque volume pris séparément......... 9 fr. »

Il n'y a pas d'agriculteur éclairé, pas de propriétaire qui ne consulte assidûment la *Maison rustique du dix-neuvième siècle;* ce livre, expression la plus complète de la science agricole pour notre époque, peut former à lui seul la bibliothèque du cultivateur. 2,500 gravures réparties dans le texte parlent aux yeux et donnent aux descriptions une grande clarté.

AGRICULTURE — ÉCONOMIE RURALE

ALLIOT.

Maladies des végétaux (Origine des) et des animaux herbivores, moyens de les prévenir par le drainage, par Alliot, 92 p. in-8. 1 50

ALMANACH.

Almanach du Cultivateur, par les Rédacteurs de la *Maison rustique*. 192 pages in-18 et 83 gravures. . . . . » 50
Une nouvelle édition de cet almanach est publiée chaque année.

ANNALES.

Annales de l'Institut agronomique de Versailles. 1 vol. in-4 de 418 pages avec 4 planches. 3 50

BARRAL et DE CÉRIS.

Bon Fermier (Le), par Barral, et pour les nouveautés, par de Céris. Aide-mémoire du Cultivateur. 1 volume in-12 de 1,495 pages et 100 gravures. . . . . 7 »
Ouvrage contenant : le calendrier détaillé — le tableau des foires de chaque département — des tables usuelles pour la détermination du poids du bétail et pour les principaux besoins de l'agriculture — les travaux agricoles de chaque mois pour toutes les parties de la France — les distilleries — féculeries — brasseries et autres industries annexées aux exploitations rurales — la mécanique agricole complète, avec description et gravure des meilleurs instruments aratoires, machines, etc.

Une nouvelle édition du *Bon Fermier* est publiée tous les ans, avec revue de l'année écoulée et addition des nouveautés, par de Céris.

BERTIN.

Statistique des subsistances (De la), par A. Bertin. 1 vol. in-12 de 96 pages. . . . . » 50

BIGNON et DAMOURETTE.

Mémoires sur le métayage. Grand in-8 de 151 pages. . . . 3 »

BODIN.

Agriculture (Éléments d'), par Bodin. 4e édition. 1 vol. in-18 de 360 pages. 1 75

BONNIER.

Statistique agricole et industrielle de l'arrondissement de Valenciennes, par Bonnier, juge de paix, président du Comice agricole de Condé. 1 vol. in-8 de 178 pages. 3 50
Cet ouvrage a été couronné par la Société impériale et centrale d'agriculture de France.

BORIE (Victor).

Agriculture au coin du feu, par Victor Borie. 1 vol in-12 de 290 pages. 3 »

Agriculture et liberté, par V. Borie, membre de la Société impériale et centrale d'agriculture de France. 1 vol. in-8 de 189 pages. . 4 »

Animaux de la ferme, par V. Borie (voir p. 17). L'Espèce bovine forme 20 livraisons renfermant chacune 2 ou 3 aquarelles et 16 pages de texte. gr. in-4°, édition de luxe. Prix du volume broché formé des 20 livraisons. . . . . 80 »
Le même ouvrage cartonné. . . . . 85 »
Le même ouvrage richement relié. . . . . 100 »

Calendrier agricole (LES DOUZE MOIS), par V. Borie. 1 vol. in-8 à 2 colonnes de 380 pages et 95 gravures. 3 50

Gazette du village, fondée par V. Borie, voir page 30.

Travaux des champs, par V. Borie (Bibl. du Cultiv.). 188 pages et 121 grav. 1 25

BORTIER.

Desséchement des moëres, par Cobergher, en 1622. Notice par Bortier. 8 p. in-8, portrait de Cobergher et carte des Moëres. 1 »

BOST.

Table décennale du Correspondant des justices de paix et des tribunaux de simple police, par Bost. 1 vol. in-8 de 184 pages. . . . . 4 »

BRETON.

Crédit agricole en France, par Breton. 100 pages in-8. . 1 »

Défrichement (Manuel théorique et pratique du), par Breton. 1 vol. in-8 de 400 pages. . . . . 4 »

Grains (Moyens infaillibles de prévenir la pénurie des) et leur cherté excessive en France, par Breton. In-8 de 52 pages. » 50

Assistance publique (L') et la bienfaisance au dix-neuvième siècle, par F. Breton. 1 vol. in-8 de 460 pages. 2 50

BUJAULT (Jacques).

OEuvres de Jacques Bujault. 5° édition. 1 vol. in-8 de 540 pages et 33 gravures. . . . . 6 »

CANCALON.

Histoire de l'agriculture, par Cancalon. 1 volume in-8 de 474 pages. . . . . 6 »

CARPENTIER.

Enseignement agricole (Entretien sur l') en France, par Carpentier. 1 brochure. . . . . » 40

CRISES, etc.

Crises agricoles (Les) dans l'abondance et la pénurie des grains; moyens infaillibles de les prévenir, par l'ancien rapporteur de la Commission du Crédit agricole au Congrès central d'agriculture dans la session de 1847. 1 brochure in-18 de 40 p. 3° édit. . . . . . . » 50

DESTREMX DE SAINT-CRISTOL.

Agriculture méridionale. Le Gard et l'Ardèche. 1 vol. in-8 de 407 pages. 3 50

LAVERGNE.

Agriculture des terrains pauvres, par Lavergne, ancien représentant du peuple. 1 vol. in-18 de 200 pages . . . . 3 »

LAVERGNE (DE).

Agriculture (L') et l'enquête, par L. de Lavergne, brochure de 48 pages . . . . 1 »

Agriculture et population, par L. de Lavergne, membre de l'Institut. 1 vol. in-8 de 412 pages 3 50

Économie rurale de la France depuis 1789, par L. de Lavergne, membre de l'Institut. 1 vol. in-12 de 490 pages . . . 3 50

Économie rurale (Essai sur l') de l'Angleterre, de l'Écosse et de l'Irlande, par L. de Lavergne. 3e édit. 1 vol. in-12 . . . . . 3 50

LECOQ.

Plantes fourragères (Traité des), par Henri Lecoq. 2e édition. 1 vol. in-8 de 518 pages et 40 gravures 7 50

LECOUTEUX (E.).

Agriculture (L') et les élections de 1863. 64 p. in-8. 2 »

Blé (La Question du), par Ed. Lecouteux. Br. de 32 pages. 1 »

Culture améliorante (Principes de la), par E. Lecouteux, ancien directeur des cultures à l'Institut agronomique de Versailles. 3e édition. 1 vol. in-12 de 400 pages 3 50

Culture (Traité des entreprises de grande), ou principes d'économie rurale ; par E. Lecouteux. 2 vol. in-8, formant ensemble 1,136 pages . . . . 15 »

LEFOUR.

Comptabilité et géométrie agricoles, par Lefour (Bibl. du Cultiv.). 214 p. et 104 grav. 1 25

Culture générale et instruments aratoires, par Lefour (Bibl. du Cultiv.). 1 vol. in-18 de 160 pages et 132 gravures . . . 1 25

Problèmes agricoles (300), par Lefour. 1 brochure in-18 de 36 pages . . . . » 50

LE MAOUT.

Le trésor des laboureurs. Adages, maximes et proverbes agricoles. In-18 de 176 pages 1 50

LÉOUZON.

Enseignement agricole (Réforme de l'); par Louis Léouzon, 1 brochure in-8 de 28 pages . . . . 1 »

LEPLAY.

Sorgho sucré (Culture du) comme plante industrielle et comme plante fourragère ; par H. Leplay. 36 pages in-8. . . . . 1 »

LEROY (A.).

Revue agricole illustrée. Guide du châtelain. In-4 de 148 pages, orné de nombreuses gravures. . . . . 5 »

Liebig (De).

Lettres sur l'agriculture moderne, par le baron Justus de Liebig, traduites par le docteur Théodore Swarts. 1 volume in-18 de 244 pages. 3 50

Louvel.

Grains. (Conservation des) au moyen du vide, par le docteur Louvel. . . . . » 75

Lullin de Chateauvieux.

Voyages agronomiques en France, par Lullin de Chateauvieux. 2 vol. in-8, formant ensemble 1034 pages. . . . . 10 »

Lurieu (De).

Colonies agricoles (Études sur les) de mendiants, jeunes détenus, orphelins et enfants trouvés de Hollande, Suisse, Belgique, France; par de Lurieu et Romand, inspecteurs généraux des établissements de bienfaisance. 1 vol. in-8 de 402 pages. 7 50

Machard.

Prairies artificielles (Essai sur les), Luzerne, Trèfle ordinaire, Trèfle printanier, et Sainfoin ou Esparcette, par Machard. In-18. 1 »

Magnier.

Avenir de l'agriculture par l'enseignement agricole, par Magnier. 1 brochure. . . . . » 40

Martinelli.

Comices (Appel aux), par J. Martinelli. 32 pages in-8. . . . » 50

Martres.

Agriculture (L') du département des Landes devant l'enquête, et son amélioration par la culture de la vigne et du pin, par Léon Martres. In-12 de 100 pages et table. . . . . » 75

Masure.

Leçons élémentaires d'agriculture à l'usage des agriculteurs praticiens, et destinées à l'enseignement agricole dans les écoles spéciales d'agriculture, dans les écoles normales, primaires et dans les écoles communales.
Première partie : Les plantes de grande culture, leur organisation et leur alimentation. 1 vol. in-18 de 330 p. et 32 grav. 3 50
Deuxième partie : Vie aérienne et vie souterraine des plantes agricoles. 1 vol. de 477 pages et 20 figures. 3 50
L'ouvrage complet. . . . . 7 »

Méheust (P.).

Économie rurale de la Bretagne, par P. Méheust. 1 vol. in-18 de 220 pages. 2 50

Économie rurale (Leçons publiques d'), par Méheust. 1 vol. in-18 de 68 pages. . . . . 1 »

Mesnil-Marigny (Du).

Céréales et la douane (Les), par du Mesnil-Marigny. 1 vol. in-18 de 260 pages. . . . . 3 »

Royer.

Allemande (L'Agriculture), ses écoles, son organisation, ses mœurs et ses pratiques; par Royer, inspecteur général de l'agriculture. 1 vol. grand in-8 de 542 pages 7 50

Statistique agricole de la France en 1843, par Royer. 1 vol. in-8 de 304 pages . . . . 5 »

Saint-Aignan.

Crise agricole (La), prise de loin et vue de haut, par le comte de Saint-Aignan, membre de la Société impériale d'acclimatation . . . . 1 »

Saintoin-Leroy.

Comptabilité agricole (Cours complet), par Saintoin-Leroy.

1° *Manuel de comptabilité agricole pratique*, en partie simple et en partie double, seconde édition, avec modèle des écritures d'une exploitation rurale pour une année entière. 1 vol. gr. in-8 et tableaux, de 176 p. . . . . . . 3 »

2° *Comptabilité-matières de l'agriculteur*, Complément du *Manuel de comptabilité agricole pratique*, suivie du *Livre du travail*, et d'une *Méthode abrégée de tenue des livres agricoles en partie simple*. 1 vol. gr. in-8 de 144 pages, avec nombreux tableaux . . . . 4 »

3° *Comptabilité simplifiée, agricole et commerciale*, mise à la portée de la moyenne et de la petite culture, suivie de la *Comptabilité spéciale des marchands et des artisans*, à l'usage des écoles primaires de garçons et de filles. 1 vol. gr. in-8 et tableaux, de 96 pages. . . . . 2 »

Registres pour la grande et la moyenne culture.

Registre-Mémorial de l'Agriculteur (comptabilité-matières), réunion de tous les tableaux nécessaires à la constatation de tous les faits d'une exploitation rurale. 1 vol. gr. in-4 oblong. . . . . 5 »

Livre de caisse (comptabilité-espèces), registre en tableaux. 1 vol. grand in-4 oblong 2 50

Journal, registre en blanc réglé et folioté. 1 vol. gr. in-4 oblong. . . . 2 50

Grand-Livre, registre en blanc réglé et folioté. 1 vol. gr. in-4 oblong. . . 3 »

On peut joindre à ces registres des cahiers quadrillés pour la constatation journalière des travaux de main-d'œuvre, des attelages et de la nourriture du personnel.

1° Cahier quadrillé avec instruction et modèles de tableaux. 1 vol. petit in-4 oblong. . . . . 2 »

2° Cahier simplement quadrillé. 1 vol. petit in-4 oblong. 1 25

Agenda de poche du Cultivateur, petit cahier à joindre à tous les Agendas usuels, de 36 pages, format in-18; prix des dix exemplaires. 1 50

Comptabilité de la petite culture réduite à l'aide d'un seul livre dit Mémorial-caisse, à l'usage de l'enseignement élémentaire de la comptabilité agricole dans les écoles primaires. in-4 oblong. 1 25

Registres pour la comptabilité simplifiée.

Registre unique du Cultivateur pour l'application de la Comptabilité simplifiée. 1 vol. petit in-4 oblong, de 100 pages. . . . . 2 »

Le même, moins fort, pour les écoles. . . . . » 60

Livre de caisse des Marchands. 1 vol. petit in-4 oblong. . . . . 2 »

Livre de caisse des Artisans. 1 vol. petit in-4 oblong. . . . . 2 »

Chaque volume ou registre se vend séparément.

Schwerz.

Agriculteur commençant (Manuel de l'), par Schwerz, traduit par Villeroy (Bibl. du Cultiv.). 5° édit. 332 pages 1 25

Sers (Louis).

Enquête agricole (L') dans le département des Basses-Pyrénées, en 1866, par Louis Sers. 1 vol. in-8 de 93 pages 2 50

Stockhardt.

Ferme (La), Guide du jeune Fermier, par Stockhardt. 2 vol. in-18 formant ensemble 616 pages. . . . . 7 »

Thomas (Ernest).

Halles et marchés en gros (Manuel des), guide de l'appro visionneur, de l'acheteur et des employés aux divers services de l'alimentation de Paris. 1 vol. in-18 de 316 pages. . . . . 3 »

Vigneral (De).

Agriculture (Manuel populaire d') à l'usage des cultivateurs d'Argentan, par de Vigneral. 92 pages in-8 . . . . 1 25

Vilmorin.

Sorgho sucré et igname de Chine, par Vilmorin. 8 pag. » 25

Young (Arthur).

Voyages en France pendant les années 1787, 1788, 1789, par Arthur Young, traduit par Lesage. 2 vol. in-18 . . 7 »

AMENDEMENTS — ENGRAIS — CHIMIE — PHYSIQUE

Bobierre.

Atmosphère (L'), le sol, les engrais, par Bobierre. 1 vol. in-12 de 632 pages. . . . . 5 »

Noir animal (Le). Analyse, emploi, vente, par Bobierre (Bibl. du Cultiv.). 156 p. et 7 grav. 1 25

Bortier.

Coquilles animalisées, leur emploi en agriculture, par Bortier. . . . . 1 »

Cartier (J.).

Sels alcalins (De l'emploi des) en agriculture, par J. Cartier, ingénieur civil. 1 vol. in-8 de 135 pages. . . . . 2 »

Composts, etc.

Composts, fumiers, plâtre (Notice sur les), employés comme engrais. . . . . » 50

Fouquet.

Fumiers de ferme et composts, par Fouquet (Bibl. du Cult.). 2e édit., 176 p. et 19 grav. 1 25

Jauffret.

Nouvelle méthode pour la fabrication économique des engrais, par Pierre-J. Jauffret. 1 br. in-8 de 56 p. et 1 pl. . 3 »

Heuzé.

Fumures et des étendues en fourrages (Formules des), par G. Heuzé. 2e édition. 1 brochure in-18 de 60 pages. . . . 1 25

Matières fertilisantes, par Heuzé. 4e édition. 1 vol. in-8 de 708 pages. . . . . 9 »

2

LEFOUR.

Sol et engrais, par Lefour (Bibl. du Cultiv.). 180 p. et 50 gr. . . 1 25

MARTIN (DE).

Engrais alcalins (Des) extraits des eaux de mer. In-8 de 15 pag. » 50

MASURE.

Marne et chaux employées en agriculture (mémoire sur les avantages comparés), par Masure. 1 brochure in-8 de 108 pages. 1 50

OKORSKI.

Désinfection des villes. Engrais complet dit engrais atmosphérique ; par Okorski. 1 brochure in-8, de 24 pages et 3 tableaux.. . . . . 1 »

PETIT-LAFFITTE.

Études de terres arables, par Petit-Laffitte. 1 vol. in-18 de 160 pages. 1 50

PIÉRARD.

Chaux (La), son emploi en agriculture, par Piérard, ingénieur en chef des mines, 36 pages in-12. . . . . » 75

PIERRE.

Chimie agricole, par Isidore Pierre, professeur de chimie à la Faculté de Caen. 4e édition. 1 vol. in-12 de 560 pages et 23 grav. . 4 »

PUVIS.

Amendements (Traité des), par Puvis. 1 volume in-18 de 440 pages. 3 50

RONNA (A.)

Phosphates de chaux (Fabrication et emploi des) en Angleterre, par A. Ronna, ingénieur. 1 vol. in-18 de 162 pages. . . 1 »

Utilisation des eaux d'égout en Angleterre, Londres et Paris, par A. Ronna, ingénieur. 1 vol. in-8 de 132 pages et 5 grandes planches. . . . . 6 »

SACC.

Chimie agricole (Précis élémentaire de), par le docteur Sacc. 2e édition. 1 vol. in-12 de 454 pages et 3 gravures. 3 50

STOCKHARDT.

Chimie usuelle appliquée à l'agriculture et à l'industrie, par Stockhardt, traduite par Brüstlein. 1 volume in-18 de 524 pages et 225 gravures. 4 50

DRAINAGE — IRRIGATION — ÉTANGS — PISCICULTURE

BARRAL.

Drainage des terres arables, par Barral. 2e édition. 2 vol. in-12 formant ensemble 960 pages et contenant 443 grav. et 9 pl. . 7 »

Irrigations, engrais liquides et améliorations foncières permanentes, par Barral, 1 v. in-12 de 790 p. et 120 grav. . 7 50

Législation du drainage, des irrigations et autres améliorations foncières permanentes, par Barral. 1 vol. in-12 de 664 pages. . . 7 50

BENOIT.

Drainage (Système de), par Benoît. In-8, 24 pages et 1 pl.　　1　»

BESENVAL (Comte DE).

Observations pratiques sur un moyen économique d'assainissement des terres en culture, et résultats du système. Broch. in-8.　　» 25

DELACROIX.

Drainage (Faits de), débit des terres drainées, position des plans d'eau souterrains, par Delacroix. 84 pages in-18 et 4 gravures.　1 25

DALLOZ.

Irrigations (Code des), suivi des rapports de MM. Dalloz et Passy, et de la législation étrangère, par Bertin, avocat, rédacteur en chef du journal *le Droit*. 1 vol. in-8 de 182 pages. . . . . 　3　»

DANILEWSKI.

Coup d'œil sur les pêcheries en Russie, par C. Danilewski. Grand in-8 de 75 pages. . . . . 　1 50

JEANDEL.

Inondations (Études expérimentales sur les), par Jeandel, ancien élève de l'École forestière. 1 vol. in-8 de 146 pages. . . 　2 50

JOIGNEAUX.

Pisciculture et culture des eaux, par Joigneaux. 1 vol. in-18 de 360 pages et 61 gravures. Prix. . . . . 　3 50

LAMBOT-MIRAVAL.

Montagnes (moyens de les reverdir par l'irrigation et de prévenir les inondations), par Lambot-Miraval. 66 pag.　2　»

LECLERC.

Drainage (Traité pratique de), par Leclerc, ingénieur, chef du service du drainage en Belgique. 1 vol. in-12 de 424 p. 150 gr.　3 50

MARTRES.

Drainage appliqué à l'agriculture des landes, par Martres. 70 p.　1　»

MIDY.

Drainage (Le) et l'irrigation, par Midy. 27 pages in-8. . .　» 50

MONNY DE MORNAY.

Irrigations en Italie et en Allemagne (Législation des), par Monny de Mornay, chef de la division de l'agriculture au ministère de l'agriculture. 1 vol. in-8 de 166 pages. . . . . 　3 50

MOULS.

Huîtres (Les), par l'abbé L. Mouls, curé d'Arcachon. 1 v. in-18.　1 25

MULLER (A.) ET VILLEROY (F.)

Manuel des irrigations. 2e édition revue et corrigée par les auteurs. 1 vol. in-12 de 263 pages et 123 gravures. . . . . 　3 50

NIVIÈRE.

Drainage (Moyen d'obtenir du) tout son effet utile, par Nivière, ancien directeur de l'école de la Saulsaie. In-12 de 36 pages. . . 　» 75

PELLAULT.

Irrigations. Commentaire de la loi du 29 avril 1843, par Henri Pellault, docteur en droit. In-12 de 374 pages. . . . . 　3 50

SERS.

Irrigation dans les contrées montagneuses, par Sers. Une brochure in-8 de 24 pages. . . . . » 75

THACKERAY.

Drainage (Philosophie et art du), par Thackeray. 96 p.   2 50

VIGNOTTI.

Irrigations du Piémont et de la Lombardie, par Vignotti. 1 vol. in-18 de 94 pages. . . . . » 75

VILLEROY (F.)

Voir MÜLLER (A.) et VILLEROY (F.)

VIREBENT.

Drainage rendu facile, par Virebent. 40 p. in-8 et 3 pl. .   1 25

CONSTRUCTIONS, INSTRUMENTS, ARTS AGRICOLES

BONA.

Constructions rurales (Manuel des), par Bona, 3ᵉ édition. 1 vol. in-18 de 296 pages. 3 50

CASANOVA.

Charrue (Manuel de la), par Casanova. 1 vol. in-18 de 176 pages et 83 gravures. 1 75

DAMEY.

Machines à battre (Le conducteur de), par Damey. 1 vol. in-18 de 108 pages. 1 50

KERGORLAY (DE).

Ferme de Canisy, par de Kergorlay. 24 p. in-4 et 52 grav.   1 »

LABOURAGE (à vapeur, etc.).

Labourage (Du) à vapeur et des labours profonds en 1867. Résultats du concours international de Petit-Bourg. 1 vol. de 60 pages in-8. 3 fr.

LEFOUR.

Constructions et mécaniques agricoles, par Lefour (Bibl. du Cultiv.). 216 p. et 151 gr. 1 25

MACHINES, etc.

Machines à moissonner. Rapport du jury sur le concours de 1859. 64 pages grand in-8, 34 gravures. . . . . 1 »

PEPIN-LEHALLEUR.

Labourage à vapeur, par Pepin-Lehalleur. . . . . » 50

PIOT.

Meulerie et meunerie, par Piot. 1 vol. in-8 de 370 pages et 21 gravures. 12 »

PLANET.

Machines à battre (La vérité sur les), par de Planet. 1 vol. in-18 de 256 pages. . . . . 2 »

Saint-Martin.

Chemins ruraux (Des), par Saint-Martin. 1 brochure in-8 de 60 pages. . . . . 2 »

Touaillon.

Meunerie (La), la boulangerie, la biscuiterie, la vermicellerie, l'amidonnerie, la féculerie et la décortication des légumineuses, par Charles Touaillon fils, ingénieur, constructeur spécial de moulins, meules, etc. 1 vol. in-18 de 452 pages. . . . . 5 »

ANIMAUX DOMESTIQUES — MÉDECINE VÉTÉRINAIRE

Ayrault.

Industrie (De l') mulassière en Poitou, ou étude de la race chevaline mulassière, de l'âne, du baudet et du mulet, par Eugène Ayrault, vétérinaire. 1 vol. in-12 de 200 pages et 3 planches. . . . . 3 »

Cet ouvrage a obtenu une grande médaille d'or à la Société impériale et centrale d'agriculture de France.

Benion.

Races canines (Les). Origine, transformations, élevage, amélioration, croisement, éducation, utilisation au travail, rage, maladies, taxes, etc., par A. Benion, médecin vétérinaire. 1 vol. in-12 de 260 pages, orné de 12 belles gravures. 3 50

Borie (Victor).

Animaux de la ferme, par Victor Borie. — espèce bovine.

Ce volume, qui est terminé, contient 46 aquarelles dessinées d'après nature, 65 gravures noires intercalées dans le texte et 332 pages de texte grand in-4 imprimées avec luxe.

Prix des 20 livraisons. . . . . 80 »
Le même volume cartonné. . . . . 85 »
— richement relié. . . . . 100 »

Daignaud.

Race bovine du Limousin (Amélioration de la), par Daignaud. 1 vol. in-18 de 106 pages. 1 50

Dampierre (De).

Races bovines, par de Dampierre (Bibl. du Cult.). 2e édit. 196 pages et 28 gravures. 1 25

Delafond.

Typhus de l'espèce bovine, par Delafond, professeur à l'École vétérinaire d'Alfort. 20 pages in-8 et 5 gravures. . . . . . . » 75

Flaxland (J.-F.).

Études sur l'élevage, l'entretien et l'amélioration de la race bovine en Alsace. 124 p. in-8. . . . . 2 »

Gayot.

Bétail gras (Le) et les concours d'animaux de boucherie, par Eugène Gayot. 1 vol. in-8 de 204 pages. 3 50

Cheval (Achat du), par Gayot (Bibl. du Cultiv.). 1 vol. de 216 pages et 25 grav. 1 25

Chevaline (La France), par Eug. Gayot, ancien directeur des haras.

1re partie : *Institutions hippiques*, contenant l'histoire de l'administration des haras, étalons approuvés et autorisés, étalons départementaux, primes à la production et à l'élève ; courses au trot, au galop, steeple-chases. 4 vol. in-8 . . . . 26 »

2e partie : *Études hippologiques* traitant de toutes les questions de science qui aboutissent à la production et à l'élève des chevaux. Étude physiologique de toutes les races du pays et de leurs transformations. 4 v. 26 »

Lièvres, lapins et léporides, par Eug. Gayot (Bibl. du Cultiv.), 216 p. et 16 grav. 1 25

Mouches et vers, par Eug. Gayot, 1 vol. in-12 de 218 pages, orné de 33 vignettes. 3 50

Poules et œufs, par E. Gayot (Bibl. du Cultiv.). 1 v. de 210 pag. 1 25

Sportsman (Guide du), ou traité de l'entraînement. 1 vol. in-18 de 376 pages avec 12 gravures, par E. Gayot. 4e édition. 3 50

GEOFFROY SAINT-HILAIRE.

Animaux utiles (Acclimatation et domestication des), par I. Geoffroy Saint-Hilaire, président de la Société d'acclimatation. 4e édition. 1 beau vol. in-8 de 534 pages et 47 gravures. . . . 9 »

GOUX.

Race bovine garonnaise, par Goux, 1 vol. in-8 de 80 pages. 1 50

HAYS (DU).

Cheval percheron, par du Hays (Bibl. du Cultiv.) 1 vol. de 176 pages 1 25

Merlerault (Le), ses herbages, ses éleveurs, ses chevaux, par Charles du Hays. 1 vol. in-18 de 182 pages. . . . . 3 »

HEUZÉ (G.).

Porc (Le), par Gustave Heuzé, membre de la Société impériale et centrale d'agriculture de France. 1 volume in-12 de 334 pages avec 56 gravures. 3 50

JACQUE (Ch.).

Poulailler (Le), par Ch. Jacque. 2e édit. 1 vol. in-12 et 120 g. 3 50

JUILLET.

Chevaline (Émancipation de l'industrie), par Juillet. 1 brochure in-8 de 48 pages. 1 50

LAMORICIÈRE (Général DE).

Chevaline (De l'espèce) en France, par le général de Lamoricière. 1 vol. in-4 de 312 pages et 3 cartes coloriées. 3 50

LEFOUR.

Animaux domestiques, par Lefour (Bibl. du Cultiv.) 1 vol. in-18 de 162 pages et 57 grav. 1 25

Cheval, âne et mulet, par Lefour (Bibl. du Cult.). 1 vol. de 182 p. et 300 gravures. 1 25

Mouton (Le), par Lefour, ancien inspecteur général de l'agriculture. 1 vol. in-18 de 390 p. et 76 grav. 3 50

Race flamande, par Lefour. 1 volume in-4 de 216 pages, avec 114 gravures noires et 4 planches coloriées. (Édition de l'Imprimerie impériale.). . . . . 20 »

ARBORICULTURE — HORTICULTURE — BOTANIQUE

Almanach du jardinier, par les rédacteurs de la **Maison rustique**. 102 pages et 55 gravures . . . . » 50
Une nouvelle édition de cet Almanach est publiée chaque année.

ANDRÉ.

Plantes de terre de bruyère. Rhododendrons, Azalées, Camellias, Bruyères, Ipacris, etc., par Ed. André. 1 vol. in-18 de 388 pages, avec 50 gravures 3 50

BARON.

Arbres fruitiers (Nouveaux principes de la taille des), par Baron. 1 vol. in-8 de 142 pages et 23 gravures 3 50

BENGY-PUYVALLÉE (DE).

Pêcher (Culture du), par Bengy-Puyvallée. 2e édition. 1 volume in-18 . . . . 3 50

BERLÈSE.

Camellia, par l'abbé Berlèse. 3e édition. Culture et description de 180 variétés nouvelles. 1 vol. in-8 de 340 pages . . . . 5 »

BONCENNE.

Jardinage pour tous (Traité de), par Boncenne. 2e édition. 1 v. in-12 de 440 pages 2 50

BON JARDINIER (LE).

Bon Jardinier (Le), par POITEAU, VILMORIN, BAILLY, DECAISNE, NEUMANN, PÉPIN. 1,650 pages in-12 . . . . 7 »

PRINCIPAUX CHAPITRES DU BON JARDINIER

Calendrier du jardinier.
Notions de botanique.
Chimie et physique horticoles.
Bâches, couches.
Serres, abris.
Multiplication des plantes.
Maladies, animaux nuisibles.
Arbres fruitiers et taille.
Plantes potagères.
— médicinales.
— de grande culture.

Division des plantes par famille.
Plantes de pleine terre.
Dictionnaire de tous les plantes, arbres et arbustes connus jusqu'à ce jour avec leur description, le nom de la famille à laquelle ils appartiennent, l'époque des semis, de la floraison; leur culture et leur emploi dans les jardins.
Ce dictionnaire contient le nom vulgaire et scientifique de chaque plante.

Une nouvelle édition du *Bon Jardinier* est publiée chaque année.

Cet ouvrage a été couronné par la Société impériale d'horticulture.

Bon Jardinier (Gravures du), 22e édit. 1 vol. in-12 de 648 pag. avec 680 grav. et planches . . . . 7 »

CONTENANT

1° Principes de botanique.
2° Principes de jardinage, manière de tailler, marcotter, greffer, disposer et former les arbres fruitiers.
3° Construction et chauffage des serres.
4° Instruments et outils de jardinage.
5° Composition et ornements des jardins.
6° Hydroplasie.

BOSSIN.

Reine-Marguerite et ses variétés, par Bossin. In-12 de 48 p. » 50

BRAVY.

Arbres fruitiers (Culture des), par Bravy. 2e éd. 86 p. in 12. » 75

CARRIÈRE.

Arbre généalogique du groupe pêcher. 1 v. in-8. 101 p.   3 »

Entretiens familiers sur l'horticulture, par Carrière. 1 vol. in-12 de 384 pages..............   3 50

Jardinier-multiplicateur (Guide pratique du), ou art de propager les végétaux par semis, boutures, greffes, etc., par E.-A. Carrière. 2e édition. 1 vol. in-18 de 416 pages et 85 gravures....   3 50

Pépinières, par Carrière (Bibl. du Jard.). 148 pages et 30 grav.   1 25

Production et fixation des variétés dans les végétaux, par Carrière. 1 vol. in-8 à 2 colonnes de 72 pages avec 13 gravures sur bois et 2 planches coloriées..............   2 50

Traité général des conifères, ou description de toutes les espèces et variétés de ce genre aujourd'hui connues, avec leur synonymie, l'indication des procédés de culture et de multiplication qu'il convient de leur appliquer, par E. Carrière. Nouvelle édition. 2 vol. in-8, ensemble de 910 pages..............   20 »

CÉRIS (DE).

Jardins et parcs, par de Céris (Bibl. du Jard.). 1 vol. in-18 avec 60 gravures..............   1 25

DECAISNE et NAUDIN.

Manuel de l'amateur de jardins. Traité général d'horticulture. Ire PARTIE : Principes de botanique et de physiologie végétale ; — IIe PARTIE : Culture des plantes d'agrément de plein air et d'appartements. Prix de chaque partie..............   7 50

L'ouvrage se composera de quatre parties.

DUMAS (A.).

Culture maraîchère pour le midi de la France, contenant le calendrier horticole par A. Dumas, jardinier-chef. 2e édition, 1 vol. in-18 de 144 pages. (Bibliothèque du Jardinier.)....   1 25

DUVILLERS.

Parcs et jardins (Les), créés et exécutés par F. Duvillers, architecte paysagiste, paraissant par livraisons de deux planches in-folio avec texte. Prix de chaque livraison..............   5 »

GAUDRY.

Arboriculture (Cours pratique d'), par Gaudry. 1 vol. in-12 de 304 pages..............   2 25

GRIN.

Le pincement court ou pincement des feuilles. Méthode de direction des arbres et notamment du pêcher. In-8 de 62 pages.   1 »

HARDY.

Arbres fruitiers (Taille et greffe des), par Hardy. 6e édition. 1 vol. in-8 et 122 gravures..............   5 50

HÉRINCQ.

Plantes, arbres et arbustes (Manuel général des). Description et culture de 25,000 plantes indigènes d'Europe ou cultivées dans les serres, par MM. Hérincq et Jacques, ex-jardiniers en chef du domaine royal de Neuilly, pour les trois premiers volumes, et Duchartre, pour le quatrième volume. — 4 vol. petit in-8 à 2 colonnes.......   50 »

HUARD DU PLESSIS.

Noyer (Le). Traité de sa culture; suivi de la fabrication des huiles de noix, par Huard du Plessis. 2e édition. 1 vol. in-18 de 175 pages et 45 gravures. (Bibliothèque du Cultivateur.) 1 25

JACQUIN.

Melon (Monographie complète du), par Jacquin aîné. 1 vol. in-8 de 200 pages et 33 planches sur acier. Prix. . . . . . . 5 »

JAMIN et DURAND.

Catalogue raisonné des arbres fruitiers, cultivés chez Jamin et Durand. 56 pages in-8. . . . . 1 50

JARDINS, etc.

Jardins (Traité de la composition et de l'ornementation des). 6e édition. 2 vol. in-4 oblong avec 168 planches gravées. 25 »

P. JOIGNEAUX.

Conférences sur le jardinage (légumes et fruits). 2e édit., par Joigneaux (Bibl. du Jard.). 152 pages. 1 25

Le jardin potager, par P. Joigneaux, ouvrage illustré de 95 dessins en couleur, intercalés dans le texte. 1 beau vol. in-18 de 442 pages. 6 »

LABOURET.

Cactées (Monographie de la famille des), suivie d'un **Traité complet de culture** et d'une table alphabétique de toutes les espèces et variétés, par Labouret. 1 vol. in-12 de 752 pages. . . . 7 50
Cet ouvrage a été couronné par la Société impériale d'horticulture.

LACHAUME.

Pêchers en espaliers (Conduite et taille des), par Lachaume. 1 vol. in-18 de 212 pages et 40 gravures. . . . . 2 »

Poiriers et pommiers (Méthode élémentaire pour tailler et conduire les), par Lachaume. 1 volume in-18 de 285 pages et 49 gravures. 2 50

LAHAYE.

Maladies organiques des arbres fruitiers, des causes et des moyens de les prévenir, par Lahaye. 1 br. in-8 de 44 pages. . 1 50

LEBOIS.

Chrysanthème (Culture du), par Lebois. 36 pages in-12. . » 75

LECOQ.

Botanique populaire, par Henri Lecoq, professeur à la Faculté des sciences de Clermont-Ferrand. 1 vol in-18 de 408 p. et 215 grav. 3 50

Fécondation naturelle et artificielle des végétaux et hybridation, par Henri Lecoq. 1 vol. in-8 de 428 pages et 106 gravures. 7 50

LE MAOUT.

Flore élémentaire des jardins et des champs, avec des Clefs analytiques conduisant promptement à la détermination des Familles et des Genres, et un Vocabulaire des termes techniques; par Le Maout et Decaisne, de l'Institut, professeur de culture au Jardin des Plantes de Paris. 2 vol. petit in-8 de 940 pages. . . . . 9 »

LEROY (André).

Catalogue de André Leroy (d'Angers). 1 v. in-8 de 140 p. 1 »

Leroy (Louis).

Catalogue général des arbres fruitiers et d'ornement
de Louis Leroy (d'Angers). 1 vol. in-8 de 145 pages. . . . . . 1 »

Liron (De) d'Airolles.

Catalogue des arbres à fruits, cultivés dans les pépinières des
Chartreux de Paris, en 1775. 1 brochure in-18 de 82 pages, publiée par
de Liron d'Airolles. . . . . 2 »

Essais sur la botanique, la physiologie végétale et sur les phéno-
mènes de la végétation, de la reproduction et de l'hybridation, in-8. 2 50

Poiriers (Les) les plus précieux parmi ceux qui peuvent être cultivés à
haute tige; par de Liron d'Airolles. 2e édit. 1 vol. in-8 avec pl. 2 »

Loisel.

Asperge. Culture, par Loisel (Bibl. du Jard.). 2e édition. 108 pages et
8 gravures. 1 25

Melon. Culture, par Loisel (Bibl. du Jard.). 5e édition. 108 pages et
7 gravures. 1 25

Marx-Lepelletier.

**Rosier — Violette — Pensée. — Primevère — Auricule —
Balsamine — Pétunia — Pivoine,** par Marx-Lepelletier (Bibl.
du Jard.). 108 pages. 1 25

Menet.

Arboriculture (Traité élémentaire et pratique d'), par
Menet. 1 vol. in-8 de 78 pages et 17 planches. 2 50

Morel.

Orchidées (Culture des). Instructions sur leur récolte, expédition et
mise en végétation, et liste descriptive de 550 espèces et variétés, par
Morel, vice-président de la Société impériale d'horticulture. 1 v. 5 »

Naudin.

Potager (Le), jardin du cultivateur, par Naudin (Bibl. du Jardinier).
187 pages, 31 gravures. 1 25

Serres et orangeries de plein air, par Ch. Naudin. 32 pages
in-8. . . . . » 75

Neumann.

Serres (Art de construire et de gouverner les), par Neumann. 1 volume in-4 oblong, renfermant 85 planches. . . . . 7 »

Noisette.

Jardinier (Manuel complet du), par Louis Noisette. 4 vol. in-8
et un supplément formant ensemble 2470 pages et 25 planches. 25 »

Pirolle.

Dahlia, par Pirolle (Bibl. du Jard.). 1 vol. in-18 de 448 pages. 1 25

Ponsort (De).

Pensée (Culture de la), par le baron de Ponsort (Bibl. du Jard.).
1 volume de 108 pages. 1 25

Préclaire.

Arboriculture (Traité théorique et pratique d'), par Préclaire. 1 vol. in-8 de 178 pages et 1 atlas in-4 de 45 planches. 5 »

Puvis.

Arbres fruitiers. Taille et mise à fruit, par Puvis. (Bibl. du Jard.) 2ᵉ édit. 167 pages. 1 25

Puydt (De).

Plantes de serre froide, par de Puydt (Bibl. du Jard.). 157 pages et 15 gravures. 1 25

Rafarin.

Serres (Chauffage des), par Rafarin. 1 vol. in-8, 26 grav. 3 50

Raoul.

Arboriculture (Manuel pratique d'), par l'abbé Raoul. 1 vol. in-18 de 264 pages et 10 gravures. 2 50

Rémy.

Champignons et truffes, par Jules Rémy. 1 vol. in-18 de 172 pages et 12 planches coloriées. 3 50

Jardinier des fenêtres (Le), des appartements et des petits jardins, par J. Rémy. 1 v. in-18 de 280 pages et 40 gravures. 4ᵉ édition 3 50

Riondet.

Olivier (L'), par A. Riondet, agriculteur à Hyères, in-18 jésus, de 139 pages. (Bibliothèque du Cultivateur). 1 25

Robaux.

Indicateur horticole à l'usage des amateurs et des jardiniers, par Robaux. 1 brochure in-8. . . . . 1 »

Thibaut.

Pelargonium, par Thibaut (Bibliothèque du Jardinier). 2ᵉ édit. 108 p. et 10 gr. 1 25

VIGNE — BOISSONS — DISTILLATION — SUCRE

Carrière.

Vigne (La), par Carrière. 1 vol. in-18 de 396 p. et 124 grav. 3 50

PRINCIPAUX CHAPITRES

Multiplication de la vigne.
Culture et plantation.
Taille et conduite de la vigne.

Restauration des vieilles vignes.
Engrais, labours, soufrage.
Des cépages.

Clément Prieur.

Étude sur la viticulture et sur la vinification dans le département de la Charente. In-8 de 165 pages. . . . 2 »

Collignon d'Ancy.

Vigne. Nouveau mode de culture et d'échalassement; par Collignon d'Ancy. 1 vol. in-8 de 200 pages et 3 planches. . . . . . 3 »

Garnier.

Vigne (Théorie pour l'amélioration de la culture de la), par Garnier. 1 vol. in-8 de 192 pages. . . . . 2 »

Guyot (Jules).

Vigne (Culture de la) et vinification, par le D᪇ Jules Guyot. 2ᵉ édition. 1 volume in-12 de 426 pages et 30 gravures. 5 50

Viticulture dans la Charente-Inférieure, par le docteur Guyot. 1 volume in-8 de 60 pages. 2 50

Viticulture dans l'est de la France, par le docteur Guyot. 1 volume in-18 de 204 pages et 46 gravures. 5 50

Viticulture du sud-ouest de la France, par le docteur Guyot. 1 volume in-8 de 248 pages et 89 gravures. 4 50

Jobard-Bussy.

Vigne (Perfectionnement de la plantation de la), par Jobard-Bussy. 1 volume in-8 de 102 pages et 1 planche. 1 50

Laliman.

Vigne (Taille de la) à cordons, vignes et vins étrangers, par Laliman. 1 brochure in-8 de 52 pages. 1 25

Leusse (De).

Distillation agricole de la pomme de terre, des topinambours, etc., etc., par le comte de Leusse. 1 vol. in-18 de 154 pages. . . . . 2 »

Machard.

Vins (Traité pratique sur les), par Machard. 4ᵉ édition. 1 vol. in-18 de 359 pages. 3 50

Michaux (A.).

Échalas (Plus d'). Échalas, paisseaux et lattes remplacés par des lignes de fil de fer mobiles, par A. Michaux, de l'Institut. 18 pages et 1 planche. » 40

Odart.

Ampélographie universelle, ou Traité des cépages les plus estimés, par le comte Odart. 5ᵉ édit. 1 vol. in-8 de 650 pages. . 7 50

Vigneron (Manuel du), par le comte Odart. 3ᵉ édition. 1 vol. in-12 de 360 pages. 4 50

Robinet (fils).

Vins (Manuel pratique et élémentaire d'analyse des), par Éd. Robinet fils. 1 vol. in-8 de 136 pages et 2 planches. . 3 »

Seillan.

Vins du Gers, par Seillan. 44 pages in-4 et 1 carte. . . . . 1 »

Terrel des Chênes.

Vins (Pourquoi nos) dégénèrent, par Terrel des Chênes. 1 brochure in-8 de 48 pages. . . . . 1 »

Vergne (De la).

Soufrage de la vigne (Instruction pratique sur le), par de la Vergne. 1 vol. in-18 de 82 pages et 1 planche. 1 50

VERGNETTE-LAMOTTE.

Vin (Le), par de Vergnette-Lamotte, correspondant de l'Institut. 1 vol. in-18 de 384 pages avec 3 planches en couleur et 29 gr. noires. . 3 50

PRINCIPAUX CHAPITRES

Vendange. Fermentation.
Remplissage des vins nouveaux.
Amélioration des moûts.
Sucrage de la vendange.
Vinage des vins. Coupage des vins.
Alcoolométrie. Collage des vins. Fermentation des vins au tonneau.
Des caves. Soins que demandent les vins vieux.
Action du froid sur les vins.
Congélation des vins.

Tirage en bouteilles des grands vins et des vins ordinaires.
Maladies des vins.
Amertume des vins.
Examen des dépôts des vins.
Maladie des vins en bouteilles.
Amertume des vins vieux.
Chauffage des vins.
Théorie et effet du chauffage.
Pratique du chauffage.

VIGNIAL.

Vigne (Hygiène de la), par Vignial. Moyen de lui rendre la santé sans le secours d'aucun remède. 1 br. in-8 de 59 p. et 4 pl. 2e édit. 2 »

WINCKLER.

Revue synoptique des principaux vignobles de l'univers. In-folio de 32 pages ou tableaux. . . . . 5 »

ABEILLES — MURIERS — SOIE — VERS A SOIE

BASTIAN (F.)

Abeilles (Les). Traité d'apiculture rationnelle et pratique, par F. Bastian. 1 vol. in-18 orné de 49 gravures. 3 50

BLAIN.

Ver à soie du chêne (Notice pratique pour servir à l'éducation du), par Blain. 1 brochure in-18 de 20 pages. . . . 1 »

BOULLENOIS (DE).

Vers à soie (Conseils aux nouveaux éducateurs de), par de Boullenois. 2e édit. 1 vol. in-8 de 224 pages et 2 planches. 3 50

BOYER et LABAUME.

Mûrier (Culture du), par Boyer et Labaume. 150 p., 3 pl. 3 »

CHABOD.

Magnanerie (La petite), ou Manuel de l'éducation pratique et raisonnée des vers à soie, par Chabod fils. 1 br. in-18 de 48 p. 1 25

CHARREL.

Mûrier (Manuel du cultivateur de), par Charrel, pépiniériste, commissaire-instructeur à la culture du mûrier, désigné par la Société d'agriculture de Grenoble. 1 vol. in-8 de 268 pages. 1 75

CHAVANNES (DE).

Mûrier. Manière de cultiver le mûrier avec succès dans le centre de la France, par de Chavannes. 1 vol. in-8 de 130 pages. . . . 1 25

DEBEAUVOYS.

Apiculteur (Guide de l'), par Debeauvoys. 6e édition. 1 vol. in-12 de 340 pages, avec figures. 2 50

Duseigneur.

Cocons et graines d'Italie, par Duseigneur. 16 pag. in-8. . . . 1 »

Girard (Maurice).

Entomologie appliquée. Les insectes utiles (vers à soie et abeilles) et les insectes nuisibles, par Maurice Girard, président de la Société entomologique de France. In-8 de 39 pages. 1 50

Givelet.

Ailante et son bombyx (L'). Culture de l'ailante, éducation du ver que cet arbre nourrit, valeur et emploi de la soie qu'on en tire, par Henri Givelet. Ouvrage orné de plusieurs plans et de 14 planches coloriées. . . . . 10 »

Guérin-Menneville.

Muscardine, par Guérin-Menneville. In-8 de 186 pages. . . 3 »

Vers à soie (Maladies et amélioration des races de), par Guérin-Menneville. 52 pages in-18. . . . . 1 »

Masquard (Eug. de).

Maladies des vers à soie (Les), par M. Eugène de Masquard. 1 vol. in-8 d'environ 300 pages. (*Sous presse.*)
On souscrit au prix de 3 fr. jusqu'à la mise en vente du volume.

Personnat.

Ver à soie du chêne (Conférence sur le) (Bombyx Yama-maï); par Camille Personnat, donnée au Palais de l'Industrie de Paris, le 28 août 1865. . . . . 1 »

Ver à soie du chêne (Le), bombyx Yama-maï, son histoire, son acclimatation, son éducation, ses produits, par Camille Personnat. 1 vol. in-8 avec 3 planches coloriées. . . . . 3 »

Roux.

Vers à soie (Les), par J.-F. Roux. 1 vol. in-12 de 245 pages. 1 25

Sagot.

Petit traité spécial de la culture des abeilles avec l'aumônièreruche à cadres et greniers mobiles, par l'abbé Sagot. In-18, fig. 1 »

Société séricicole.

Société séricicole (Annales de la), pour la propagation et l'amélioration de l'industrie de la soie. 15 volumes grand in-8 et 15 planches.
La collection complète. . . . . 175 »

BOIS — FORÊTS — CHARBON

Arbois de Jubainville.

Assolements forestiers (Utilité des), par d'Arbois de Jubainville. 1 brochure in-8 de 48 pages. . . . . 2 »

Balivage (Règlement du) dans une forêt particulière, par d'Arbois de Jubainville. 1 brochure in-8 de 64 pages. . . . . . 2 »

Défrichement des forêts (Manuel du), par d'Arbois de Jubainville. 1 vol. in-8 de 184 pages. 4 50

ÉCONOMIE DOMESTIQUE — CUISINE

Bréviaire des gastronomes. Aide-mémoire pour ordonner les repas. 1 volume in-16 cartonné de 186 p. . . . . 2 »

Cuisinière de la campagne et de la ville (La), par L. E. A. 1 volume in-12 avec figures. 42° édition. . . . . 3 »

DELAMARRE.

Vie à bon marché (La), par Delamarre, député de la Somme. Le pain, la viande, les transports. 2° édit. 1 vol. in-12 de 708 p. . 3 50

EMION (V.).

Taxe (La) du pain, par Victor Emion, avec préface par Borie. 1 vol. in-8 de 108 pages. . . . . 4 fr.

LECLERC.

Caisse d'épargne et de prévoyance. Lettres à un jeune laboureur par Louis Leclerc. 5° édition. In-12 de 60 pages. . . . . » 25

MARTIN (DE).

Fromages (Études sur la fabrication des), fermentation caséique. Grand in-8 de 60 pages. 1 50

MICHAUX (Mme).

La cuisine de la ferme par Mme Marceline Michaux. 1 vol. in-18 de 180 pages. (Bibliothèque du Cultivateur.) 1 25

MILLET-ROBINET (Mme).

Bon domestique (Le), par Mme Millet-Robinet. 1 volume in-12 de 204 pages. . . . . 2 »

Conseils aux jeunes femmes, par Mme Millet-Robinet. 1 vol. in-18 de 284 pages et 30 gravures 3 50

Économie domestique, par Mme Millet-Robinet. (Bibl. du Cultiv.). 3° édition. 245 pages et 78 gravures. 1 25

Maison rustique des dames, par Mme Millet-Robinet. 2 volumes in-12, avec 250 gravures, 6° édition. 7 75

Cet ouvrage est divisé en quatre parties :

TENUE DU MÉNAGE	MÉDECINE DOMESTIQUE
Travaux. — Repas. — Comptabilité — Dépenses. — Mobilier. — Linge. — Conserves. — Blanchissage.	Pharmacie. — Hygiène. — Maladies des enfants. — Médecine et Chirurgie. — Empoisonnement. — Asphyxie.
CUISINE	JARDIN — FERME
Potages. — Sauces. — Viandes. — Poissons. — Gibier. — Légumes. — Fruits — Purées. — Entremets. — Desserts. — Bonbons.	Jardins, Potagers, Fruitiers, Fleurs, etc. Ferme, Travaux des champs. — Basse-cour, Vacherie, Laiterie. — Bergerie, Porcherie.

THOMAS.

Manuel des halles et marchés en gros. Guide de l'approvisionneur, de l'acheteur et des employés aux divers services de l'alimentation de Paris, par Ernest Thomas. 1 vol. in-12 de 316 pages. 3 »

VACCA (E.).

Fromages dits de géromé (Fabrication des), par E. Vacca, professeur de chimie. Brochure in-8. . . . . » 50

VILLEROY.

Laiterie, beurre et fromages, par Villeroy. 1 volume in-18 de 390 pages et 59 gravures. 3 50

JOURNAUX — PUBLICATIONS PÉRIODIQUES

GAZETTE DU VILLAGE

Rédacteur en chef : Ad. HAURÉAU

PARAISSANT TOUS LES DIMANCHES

Prix d'abonnement, rendu *franco* à domicile : un an . . . . 6 fr.
six mois . 3 fr. 50

10 centimes le numéro

Ce journal, contenant 8 pages à deux colonnes, format des journaux littéraires illustrés, publie, chaque semaine, des articles ayant pour but de mettre à la portée de toutes les intelligences les notions élémentaires d'économie rurale, les meilleures méthodes de culture, les inventions nouvelles ; de faire connaître les principales industries et les procédés employés par elles ; de populariser les voyages entrepris dans des contrées lointaines ; de raconter la vie des hommes utiles à l'humanité, et de tenir enfin les lecteurs au courant de tout ce qui se passe d'intéressant dans le monde industriel et agricole.

Il donne, en outre, un grand nombre de faits, recettes, procédés divers utiles aux cultivateurs et aux ouvriers.

Une partie du journal, consacrée aux *lectures du soir*, contient un roman choisi avec la sollicitude la plus scrupuleuse.

Instruire et moraliser sans ennui, tel est le programme de la *Gazette du village.*

En vente :
- 1re année 1864 . . . . 4 »
- 2e — 1865 . . . . 4 »
- 3e — 1866 . . . . 4 »
- 4e — 1867 . . . . 4 »

On s'abonne à Paris, rue Jacob, 26, en envoyant un mandat de SIX francs sur la poste. (Les frais de ce mandat ne sont que de 6 centimes.)

— 31 —

40e ANNÉE — 1868

REVUE HORTICOLE

JOURNAL D'HORTICULTURE PRATIQUE

FONDÉE EN 1829 PAR LES AUTEURS DU BON JARDINIER

Rédacteur en chef : E. CARRIÈRE

Chef des pépinières au Muséum d'histoire naturelle

PRINCIPAUX COLLABORATEURS :

D'Airolles, André, Bailly, Baltet, Boncenne, Bossin, Bouscasse, Carbou,
Chabert, Chauvelot, Denis, de la Roy, Doumet, du Breuil,
Durupt, Ermens, Gagnaire, Glady, Gloede, Groenland, Guillier, Hardy, Houllet,
Kolb, Lachaume, de Lambertye, Lecoq, Lemaire,
André Leroy, Martins, de Mortillet, Naudin, Neumann, d'Ornous,
Pépin, Quetier, Rafarin, Sisley, Verlot, Vilmorin, etc.

PRIX DE L'ABONNEMENT POUR LA FRANCE ET L'ALGÉRIE

Un an (janvier à décembre) : **20 fr.**

La **Revue horticole** est envoyée *franco* contre le payement du
montant de l'abonnement, d'une des trois façons suivantes :

Envoi d'un mandat sur la poste	Envoi en timbres-poste	Envoi de l'autorisation à MM. les Administrateurs de faire traite
Un an . . . 20 »	Un an . . . 20 80	Un an . . . 20 90
Six mois . . 10 50	Six mois . . 10 50	Six mois . . 11 40

Adresser les mandats de poste, timbres-poste, autorisations de traite,
à MM. Bixio et Cᵒ, 26, rue Jacob, à Paris.

PRIX DE L'ABONNEMENT D'UN AN POUR L'ÉTRANGER

France jusqu'à destination.		Franco jusqu'à leur frontière.	
Italie, Belgique et Suisse . .	20 fr.	Grèce	23 fr.
Angleterre, Egypte, Espagne,		Suède	23
Pays-Bas, Turquie, Allemagne,		Pologne, Russie	23
Autriche	23	Buenos Ayres, Canada, Colonies	
Colonies françaises, Montevideo,		anglaises et espagnoles, Etats-	
Uruguay	25	Unis, Mexique	25
Etats-Pontificaux	24	Bolivie, Chili, Nouvelle-Grenade,	
Brésil, Iles Ioniennes, Moldo-		Pérou, Java	29
Valachie	26		
Portugal	24		

N. B. — La *Librairie agricole* envoie un numéro spécimen de la *Revue horticole* à toute personne qui lui en fait la demande.

— 32 —

32ᵉ ANNÉE. — 1868

JOURNAL
D'AGRICULTURE PRATIQUE

MONITEUR DES COMICES, DES PROPRIÉTAIRES ET DES FERMIERS

(Seconde partie de la *Maison rustique du dix-neuvième siècle*)

Fondé en 1837 par Alexandre Bixio

Rédacteur en chef : E. LECOUTEUX
Propriétaire-Agriculteur
MEMBRE DE LA SOCIÉTÉ IMPÉRIALE ET CENTRALE D'AGRICULTURE DE FRANCE

Secrétaire de la rédaction : **M. A. de CÉRIS**
Gérant responsable : **M. Maurice BIXIO**

PRINCIPAUX COLLABORATEURS :

**MM. Boussingault, Brongniart, Combes, H. Deville,
Duchartre, Dumas, Michel Chevalier, Naudin, Payen, Wolowski,** etc.,
Membres de l'Institut,

**MM. Amédée Durand, Béhague (de), Bella, Borie,
Bouchardat, Dampierre, Gayot, Guérin-Menneville, Heuzé,
Kergorlay (de), Magne, Moll, Monny de Mornay (de)
Nadault de Buffon, Reynal, Robinet, Vibraye (de), Vogué (de),** etc.,
Membres de la Société impériale et centrale d'agriculture,

Et un nombre considérable d'agriculteurs, de savants, d'économistes,
d'agronomes de toutes les parties de la France et de l'étranger.

Ce journal est autorisé à traiter les matières d'économie politique et sociale. Il paraît toutes
les semaines par livraison de 40 pages in-8

FORMANT CHAQUE ANNÉE

DEUX BEAUX VOLUMES ENSEMBLE DE 1,700 PAGES
Avec de belles gravures noires dans le texte

— 35 —

PRIX DE L'ABONNEMENT POUR LA FRANCE ET L'ALGÉRIE

La **Journal d'agriculture pratique** est envoyé *franco* contre le payement du montant de l'abonnement d'une des trois façons suivantes :

Envoi d'un mandat sur la poste	Envoi en timbres-poste	Envoi de l'autorisation à MM. les Administrateurs de faire traite
Un an. . . . 20 »	Un an. . . . 20 80	Un an. . . . 20 90
Six mois. . . 10 50	Six mois. . . 10 90	Six mois. . . 11 40

Adresser les mandats de poste, timbres-poste, autorisations de traite, à MM. Brxio et Cᵉ, 26, rue Jacob, à Paris.

PRIX DE L'ABONNEMENT D'UN AN POUR L'ÉTRANGER

Franco jusqu'à destination.

Italie, — Belgique et Suisse. . 20 fr.
Angleterre, — Égypte, — Espa-
gne, — Pays-Bas, — Turquie. 25
Allemagne, — Autriche, — Por-
tugal 27
Colonies françaises, — Monte-
video, — Uruguay. 50
États-Pontificaux. 28
Brésil, — Iles Ioniennes, —
Moldo-Valachie. 33

Franco jusqu'à leur frontière.

Grèce, — Suède. . . . . . 28 fr.
Pologne, — Russie. 52
Buenos Ayres, — Canada, — Co-
lonies anglaises et espagnoles,
— États-Unis, — Mexique. .
Bolivie, — Chili, — Nouvelle-
Grenade, — Pérou, — Java. . 35

N. B. L'administration envoie un numéro spécimen du *Journal d'agriculture pratique* à toute personne qui lui en fait la demande.

Pour paraître le 1ᵉʳ janvier 1868

LES
NOUVELLES MÉTÉOROLOGIQUES

PUBLIÉES SOUS LES AUSPICES

DE LA SOCIÉTÉ MÉTÉOROLOGIQUE DE FRANCE

COMMISSION DE RÉDACTION :

**MM. Ch. SAINTE-CLAIRE-DEVILLE, président.
MARIÉ-DAVY, secrétaire.
RENOU, LEMOINE, SONREL.**

Les *Nouvelles météorologiques* paraissent le 1ᵉʳ de chaque mois par livraisons de 32 pages.

PRIX DE L'ABONNEMENT POUR LA FRANCE ET L'ALGÉRIE :
Un an : 15 fr.

PRIX DE L'ABONNEMENT D'UN AN POUR L'ÉTRANGER :
Les frais de poste en sus de 15 fr.

On s'abonne à Paris, à la Librairie agricole, rue Jacob, 26, en envoyant un mandat de poste de 15 francs pour la France et les colonies, et les frais de poste en sus pour l'étranger.

ENSEIGNEMENT PRIMAIRE AGRICOLE

BIBLIOTHÈQUE AGRICOLE DES ÉCOLES PRIMAIRES
à 75 centimes le volume

BONCENNE.

Horticulture (Cours élémentaire d'), par Boncenne. 2 vol. in-18, formant ensemble 312 pages, avec 85 grav. 1 50
Chacun de ces volumes est vendu séparément. . . . . » 75

BORIE (V.)

Jeudis de M. Dulaurier (Les), par Victor Borie. 2 vol. in-18 de chacun 126 pages et 40 gravures. 1 50
Chaque volume séparé. . . . . » 75

DOUAY (EDM.)

Grammaire française raisonnée, avec exemples agricoles, par Edm. Douay. 1 vol. in-18 de 128 pages. . . . . » 75

Alphabet et syllabaire. (*Sous presse.*) . . . .

HEUZÉ (G.)

Lectures et dictées d'agriculture, revues et annotées par Gustave Heuzé. 1 vol. in-18 de 128 pages. . . . . » 75

LAURENÇON (C.)

Traité d'agriculture élémentaire et pratique, par C. Laurençon. 2 vol. in-18 avec figures. 1 50

PREMIÈRE PARTIE	DEUXIÈME PARTIE
Agriculture, sol, terres, engrais, amendements, instruments aratoires, façons culturales, assolements, jachère, culture des plantes, plantes alimentaires, plantes fourragères, plantes industrielles.	Animaux domestiques, fabrication du beurre et du fromage, principes d'horticulture, arbres fruitiers, principes de viticulture, fabrication du vin, fabrication de l'eau-de-vie et résidus, comptabilité agricole.

Chaque volume séparé. . . . . » 75

DUCOUDRAY (G.)

Histoire de France. Simples récits à l'usage des classes élémentaires des lycées, de l'enseignement secondaire spécial, des écoles primaires supérieures, par G. Ducoudray. 1 vol. in-18 de 184 pages, avec 36 gravures coloriées hors texte. 1 50
Cet ouvrage a été admis par la commission des bibliothèques scolaires.
Le même ouvrage, cartonné. 1 75
— — toile rouge. . . . . 2 »

BIBLIOTHÈQUE DU CULTIVATEUR

Publiée avec le concours du Ministre de l'agriculture

29 volumes in-18, à 1 fr. 25 le volume

BIBLIOTHÈQUE DU JARDINIER

Publiée avec le concours du Ministre de l'agriculture

13 volumes in-18 à 1 fr. 25 le volume

Arbres fruitiers. Taille et mise à fruit, par Puvis. 2e édition. 167 pages. 1 25

Asperge. Culture, par Loisel. 2e édit. 108 p. et 8 grav. 1 25

Conférences sur le jardinage (légumes et fruits). 2e édition, par Joigneaux. 152 pages. 1 25

Culture maraîchère pour le midi de la France, par A. Dumas. 2e édition. 144 pages. 1 25

Dahlia, par Pirolle. 1 vol. in-18 de 148 pages. 1 25

Jardins et parcs, par de Céris. 1 vol. in-18 avec 60 grav. . . 1 25

Melon. Culture, par Loisel. 5e édition. 108 pages et 7 grav. . . 1 25

Pelargonium, par Thibaut. 2e édit. 108 pag. et 10 grav. . . . 1 25

Pensée (Culture de la), par le baron de Ponsort. 1 volume de 108 pages. 1 25

Pépinières, par Carrière. 148 pages et 30 gravures. 1 25

Pétunia — Rosier — Pensée — Primevère — Auricule — Balsamine — Violette — Pivoine, par Marx-Lepelletier. 108 pages. 1 25

Plantes de serre froide, par de Puydt. 157 p. et 15 grav. . 1 25

Potager (Le), jardin du cultivateur, par Naudin. 187 p., 31 gr. 1 25
Chacun de ces volumes est vendu séparément.

La Librairie agricole de la MAISON RUSTIQUE publie chaque année un bel ALMANACH-CALENDRIER richement exécuté en chromolithographie, et contenant au verso un aide-mémoire avec les renseignements indispensables aux cultivateurs, tels que : Travail qu'on peut exiger des attelages, d'un journalier, poids de toutes les denrées ; rendements des animaux, etc.

Le prix de l'ALMANACH-CALENDRIER pour 1868 est de 2 fr.

FIN.

PARIS. — IMP. SIMON RAÇON ET COMP., RUE D'ERFURTH.

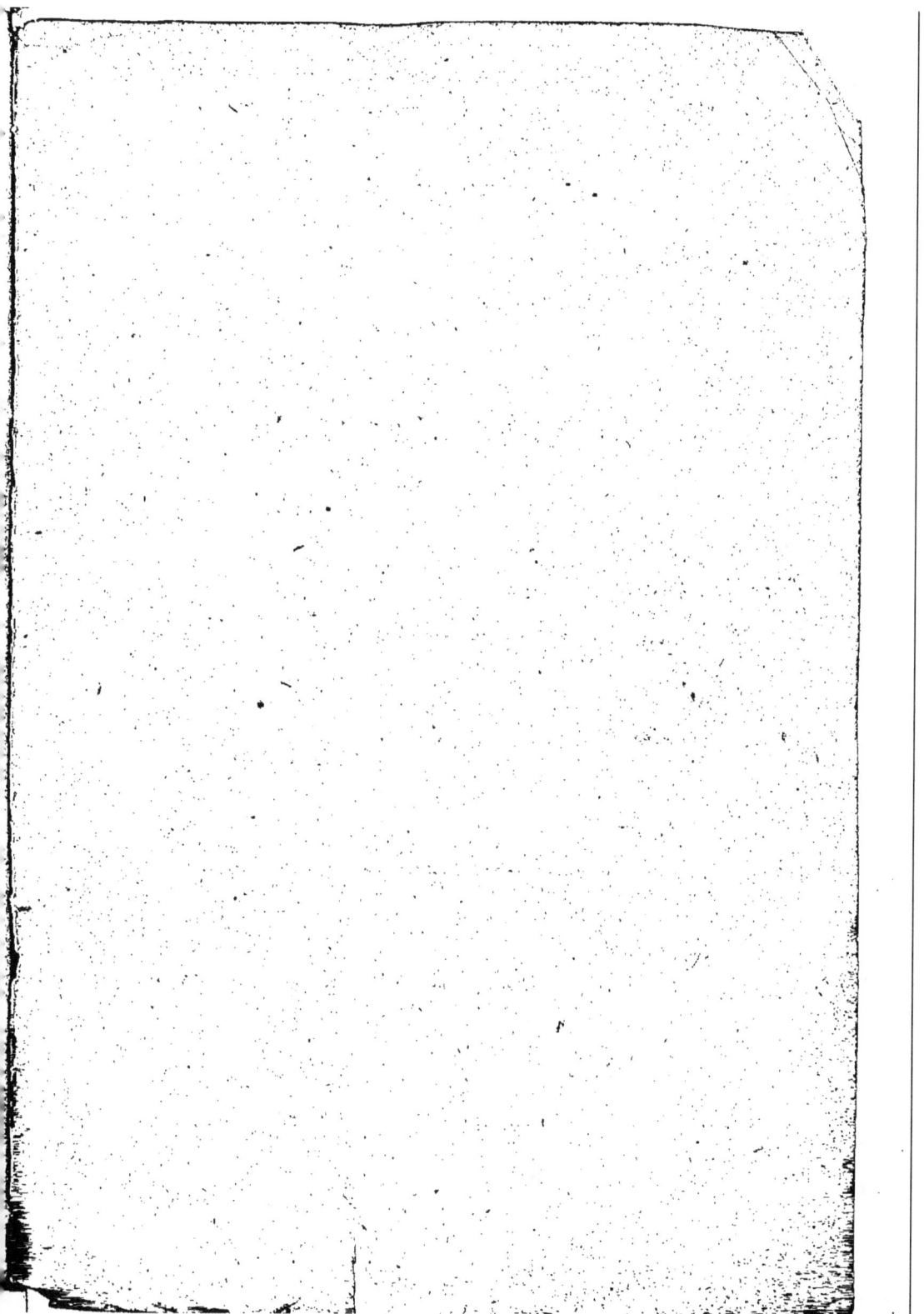

PARIS. — IMP. SIMON RAÇON ET COMP., RUE D'ERFURTH, 1.

www.ingramcontent.com/pod-product-compliance
Lightning Source LLC
Chambersburg PA
CBHW071456200326
41519CB00019B/5764